未读 | 探索家

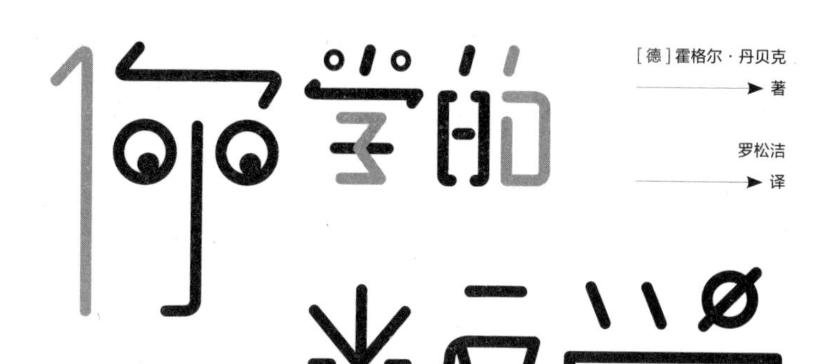

[德] 霍格尔 · 丹贝克 著

罗松洁 译

你学的数学可能是假的

超简单
有趣的
数学思维
启蒙书

Je mehr Löcher,
desto weniger Käse

Holger Dambeck

天津出版传媒集团
天津人民出版社

图书在版编目（CIP）数据

你学的数学可能是假的：超简单有趣的数学思维启蒙书 / (德) 霍格尔・丹贝克著；罗松洁译. --天津：天津人民出版社, 2019.11（2024.12重印）

ISBN 978-7-201-15468-8

Ⅰ. ①你… Ⅱ. ①霍… ②罗… Ⅲ. ①数学－儿童读物 Ⅳ. ①O1-49

中国版本图书馆CIP数据核字(2019)第233094号

Originally published in the German language as
"Je mehr Löcher, desto weniger Käse" by Holger Dambeck
© 2017, Verlag Kiepenheuer & Witsch GmbH & Co. KG, Köln
© SPIEGEL ONLINE GmbH, Hamburg 2017
Chinese Simplified translation copyright ©2019
by United Sky (Beijing)New Media Co.,Ltd.
All Rights Reserved

图字：02-2023-225

你学的数学可能是假的：超简单有趣的数学思维启蒙书

NI XUE DE SHUXUE KENENG SHI JIADE:CHAO JIANDAN YOUQU DE SHUXUE SIWEI QIMENG SHU

出　　版　天津人民出版社
出 版 人　刘锦泉
地　　址　天津市和平区西康路35号康岳大厦
邮政编码　300051
邮购电话　022-23332469
电子信箱　reader@tjrmcbs.com

选题策划　联合天际・王微
责任编辑　霍小青
特约编辑　王忠禹
封面设计　左左工作室

制版印刷　三河市冀华印务有限公司
经　　销　未读（天津）文化传媒有限公司
开　　本　880 × 1230毫米　1/32
印　　张　8.75
字　　数　100千字
版次印次　2019年11月第1版　2024年12月第7次印刷
定　　价　58.00元

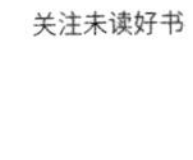

关注未读好书

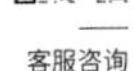

客服咨询

本书若有质量问题，请与本公司图书销售中心联系调换
电话：(010) 52435752

未经许可，不得以任何方式
复制或抄袭本书部分或全部内容
版权所有，侵权必究

目录

二、动物们的数学天赋

三、生活中的逻辑技巧

四、被误解的天才和数学恐惧症

五、数学究竟是什么

六、数学：追求真和美的学问

七、横向思维：创新解题技巧

八、经典数学：爱因斯坦的相对论

九、数学家眼中的数学专业

前言

Vorwort

本书在我脑海里已经酝酿有一段时间了。我在《明镜》网络版开设的《分子》专栏上定期写有关数学的专题，已逾五年。其中，大部分是关于现代科学的问题，例如："谷歌如何计算搜索的命中列表？"其实，它采用了由数十亿个方程组成的系统。专栏里还有日常生活中的问题，比如用数学缩短超市排队时间的技巧。

我从点击率统计结果中了解到，很多人都对数学很感兴趣，多数文章的点击量都有近20万。但我也知道，没有其他学科能像数学这样，把人分成了两类：一类人被它征服，另一类人努力征服它。这是为什么呢？为什么经验丰富的记者同事们会羞怯地来问我如何计算百分比，难道他们对数字毫无感觉吗？

对此，我自己没想到任何有说服力的答案，所以我就开始专心研究。我阅读了数十本数学家和教育学家的专著和专业论文。渐渐地，我总结出了不少中心论点，写于本书。

本书分为三部分。第一部分（前三章）的主题是“有多少数学藏在我们的生活当中”。大自然为我们带来了很多很多数学——数量远远超出你的想象！还有，为什么数学计算对大脑是一项要求很高但也被高估了的任务？

第二部分（第四章）要讨论的是，尽管我们有这么好的先天条件，为什么仍会出现“数学恐惧症”。你可能会想，这很大程度上归因于小时候的数学老师教得不好。但也有可能归因于你父母潜移默化的影响。其实，学数学的关键是要有创新的能力，还要选择适合自己的方式。如果学生的思维都被固定了，也就失去了思考的乐趣。

第三部分（后五章），我会带你踏上一段美妙的数学之旅，这些在学校里可不一定教。哪些技巧能解答看似无解的问题？我会邀请你和爱因斯坦一道，发掘清晰思维的魅力与力量。我也会邀请你把学数学看成体验艺术——而不是用陌生的思维工具做出公式化的解答。不仅如此，我还发现了一个天大的误解，用医学术语说，这种可悲的误解已变成一种“慢性病”。因为本书里所讲的“数学”，跟你们很多人理解的“数学学科”真的没太大关系。

你肯定听说过一种普遍观点：数学不过是计算，将数字代进公式里，然后解答应用题。甚至，很多数学老师都不知道，数学不是将单调的数字代入鲜少有人理解的公式。他们对这一学科的理解，和许多“数学受害者”一样：有题目，有固定的解法，只要将所有数字正确代进去，就能得到正确答案。

很多老师、学生和家长似乎掉进了一种恶性循环。成年人让孩子们害怕数学，孩子们长大了，也对自己的孩子这样做。只有一部分人能努力在几何、二项式公式中成功突围，开辟出一条数学道路，而大多数人，哪怕面对再简单的数学，也没能真正理解。

糟糕的是，有些老师和教育专家仍然将数学看成一种残酷的标准，用它把学生分成先进和后进。在德国，数学和德语一样是主课，谁要是能学好数学，将来就能发展得更顺利，而其他学不好数学的学生，必须多努力一倍才能避免被淘汰。德国传统的教育就是这样的。数学成绩不好，可能会导致学生无法被推荐进入重点高中，或者高中毕业会考成绩平平。

我想大多数人在数学上都遇到过巨大的障碍，但我们德国人从不反思可能是数学教育出了问题，反而觉得，这恰恰说明不是人人都适合数学。这简直大错特错。

本书德文版的题目是《孔洞越多，奶酪越少》(*Je mehr Löcher，desto weniger Käse*)。没错，数学的道理确实就像"气泡多，奶酪就少"这么简单。这句谚语人人皆知，但是哪怕数学问题再怎么复杂，只要巧妙应对，也一样简单。你将会在第五、六章里看到很多有趣的例子。

我希望，你会在冥思苦想中明白：这本书里的数学，可能和在学校里教的数学有很大的区别。书后部分有 40 道精挑细选的各种难度的测试题，你尽管尝试。一些题是我自己设计的，另一些是我在专业书或奥数题库里发现的。每道题旁边用星号“*”标明了难易程度，一星代表“简单”，四星就表示你得多费些工夫才能解开。你可不要太早放弃，也不要立马去瞧答案！你每次独立完成一道题，自信心就会增加一分。

无论你对数学抱持过怎样的看法，作者都坚信你在读完本书后会有所收获。学数学就像踢足球，像听音乐，像下棋：有明确的规则，你可以完全按照规则行事，但如果你真想从中获得乐趣，那就尽情挥洒创意吧！

祝你在阅读、思考、钻研和发现中找到乐趣！

霍格尔·丹贝克

一、我们天生的数量感

几个月大的婴儿就已经能做简单的加法了。宝宝的计数和运算能力令人惊讶，而且确实是与生俱来的。那么，我们人类的数量感到底从何而来？我们身上到底隐藏了多大的数学潜力？

木偶动画《芝麻街》有一集介绍了集合论：厄尼坐在一个盘子前，盘子里装着属于伯特的5块饼干。厄尼负责看管饼干，因为饼干怪会来抢走并吃光它们，但厄尼对这些甜甜的饼干馋得不行。最后他拿起了其中一块，说："我就啃一小口，伯特肯定不会发现。"

于是，贪心的念头变成了现实。厄尼先啃了一小口，又啃了一小口——这块饼干只剩一半了。然后，他又小心地把饼干再啃成一个圆形。糟糕，这块饼干比其他饼干小太多了。为了掩盖"罪证"，厄尼决定让这块饼干彻底消失——用嘴销毁证据。

过了一会儿，伯特来了，说道："我现在想吃我的5块饼干了。"说着将饼干逐一清点。"1、2、3、4——厄尼，我这只剩4块了。""你确定？""是，确定。"厄尼陷入了麻烦，但他又有了个鬼点子："等会儿，让我把这些饼干在盘子上移动一下。"他移动了饼干，改变了排序。“看，又是 5 块了。”他说道。

靠移动饼干来改变数量，当然会失败。数学家称之为“数量守恒”现象：无论饼干如何排列，数量都不会改变。令人惊讶的是，婴儿和幼儿早已知晓了这种现象。虽然孩子们带给我们吵闹的印象，很难让我们想到这一点，但我们也很清楚，厄尼移动饼干的把戏永远都不会成功。

婴幼儿也可以计算——这一惊人的发现距今不过短短 30 年。根据瑞士发展心理学家让·皮亚杰（Jean Piaget，1896—1980）的理论，儿童最早要到 5 岁才能形成对数量的感知。他曾以一个实验来证明，其中使用了共计 6 个瓶子和杯子，接近《芝麻街》里的饼干数量。

他先把玻璃杯和瓶子分别排成行。2 行彼此平行，2 个瓶子和 2 个杯子之间的距离相同。实验者问几个 4 岁儿童：是瓶子更多还是杯子更多？所有孩子都回答“一样多”。很明显，他们对这 2 行瓶子和杯子建立了“1：1”的匹配关系。

皮亚杰的错误

实验者将这些玻璃杯移动，使它们之间的距离更远，玻璃杯这一行也因此变得更长了，另一行的瓶子则保持原状。当被问到现在杯子多还是瓶子更多时，许多孩子都回答“杯子多”。于是，皮亚杰得出结论：孩子在4岁时尚未形成数量感，没有“数量守恒”的概念，因为他们不能理解：无论怎么移动物体，其总数并不会改变。

当然，身为心理学家，皮亚杰不仅对数量理解力感兴趣，还对儿童的学习过程、语言和运动能力颇为精通。皮亚杰的研究促进了一场心理学的革命，因为这些研究都以实验为基础，部分实验对象还是他自己的孩子。但可惜的是，正如我们现在所知，他的部分实验是有缺陷的——结论也是错误的。在移动玻璃杯这个实验里，皮亚杰没有考虑到实验员和孩子间的对话可能会影响实验结果。因为这些4岁孩子会认为被移动过的玻璃杯的总数一定发生了改变——不然，为什么这个实验员会特意针对这种改变提问呢？

鉴于这些问题，让婴儿来参与实验似乎是不可行的。那我们究竟如何能知道婴儿脑袋里都想了什么？就连新手父母都经常无法正确理解子女的哭声，那么研究者又该如何了解这些小家伙感知到了什么，正在思考些什么？

1980年，心理学家普伦蒂斯·斯塔基（Prentice Starkey）找到了新的思路——如果婴儿不能说出他们看到、感受、思考的东西，那我们至少可以观察他们是否对某个东西感兴趣。斯塔基的想法是，习以为常的东西会让人觉得无聊，而出乎意料的东西会令人兴奋，那么这也应该适用于婴儿的行为。

他将72个16—30周大的婴儿带进了费城大学的实验室。宝宝们会在一块屏幕上看到一些点点。起初，屏幕总是只显示两个点，不过它们的排列顺序会发生变化。斯塔基测试了每个孩子盯着显示屏上的两个点有多长时间，答案是——平均2秒。

接着，他引入新的变化：当从一张图像变为另一张图像时，不仅点的排列发生了变化，还会有新增的第三个点。这显然引起了婴儿们的注意，多看了0.5秒。斯塔基据此总结，婴儿们注意到了从两个点到三个点的变化，所以，他们在会说“1、2、3”之前，就已经对数量有了基本的感知。

婴儿不仅会哭，还会计算

> 在自然面前，数学就像福尔摩斯眼前的证物。这位虚构的侦探可以从烟头推断出吸烟者的年龄、职业和财务状况。
>
> ——伊恩·斯图尔特，英国数学家

在我们发现这第一个惊喜之后不久，其他惊喜也接踵而至。1992年，心理学家凯伦·温（Karen Wynn）在《自然》期刊上发表了关于婴儿令人惊讶的计算能力的文章，在此之前，我们从不敢相信婴儿也会运算。这位女科学家将5个月大的孩子们放在木偶戏台前。在戏台的一侧，有两个玩偶相邻并藏在幕后。不久，温将幕布拉开到一边，让孩子们可以看见这两个玩偶。

研究人员一次次地重复这个实验。有时如他们预料的那样，幕布后面有时有两个玩偶，有时却只有一个。因为在部分实验里，温将其中一个玩偶拿走了。我们通过分析监控记录得知，在只有一个玩偶时，婴儿们比看到两个玩偶时盯着戏台的时间长了整整一秒。

很明显，婴儿们已经知道：一个玩偶加上一个玩偶等于两个玩偶。当他们发现在幕布后面只有一个玩偶时，就成了意外的结果，所以他们盯看的时间就延长了。进一步实验表明，婴儿还能发现减法错误。例如，当幕布后面有两个物体时，让婴儿们明显看到其中一个物体被拿走，他们会认为幕布后面必定还剩一个物体。

凯伦·温进一步反驳了皮亚杰在20世纪50年代所做的婴儿学习实验。皮亚杰将一个立方体藏在毯子下面，观察孩子们是否会伸手去抓它。结果是，婴儿没去抓毯子。皮亚杰因此得出结论：小于10个月的婴儿，认为他们周围的物体不是独立的物体。因此，对于婴儿而言，一个立方体被推进毯子下面，它就不存在了。

但是，凯伦·温的研究表明，即使物体隐藏在毯子下或遮盖物后面，婴儿也显然知道物体仍在那里。心理学家称这种心理为“物体恒存”效应。皮亚杰完全忽略了一个事实——那么小的婴儿根本无法充分调动胳膊和手去抓开毯子。

婴儿能掌握“1+1=2”，就已经让学界跌破眼镜了，但事实证明，婴儿的运算能力比这更复杂、更精确。1995年，心理学家托尼·西蒙（Tony Simon）在一项对5个月婴儿的研究里证明了这一点。他重复了温的玩偶实验，让这些玩偶藏在遮盖物后面消失不见，然后掀开遮盖物。但是，他的团队改变了一个细节：除了孩子们预期的两个玩偶之外，有时戏台上还会出现两个球。不过，婴儿们并不感到惊讶，毕竟两个球也是两件。但如果遮盖物后面只出现了一个球，孩子们仍会感到惊讶。

西蒙的实验，不仅证实了婴儿掌握了基本的算术技能，还说明了他们有惊人的抽象能力。两个球和两个玩偶的共同点：都是两个物体。

多亏了现代的大脑研究，我们才能知道，当婴儿发现运算错误时，他们是在使用与成年人相同的大脑区域。2006年，以色列心理学家安德烈娅·伯杰（Andrea Berge）重复了温的实验，但她另外还借用了脑电图（EEG）来测量脑电波。孩子们被戴上头罩，头罩上装了许多小型传感器，用以测量脑电波。

伯杰记录到了6—9个月大的测试对象的额叶活

动明显增加，也就是与成年人在发现错误、表现失望和解决矛盾时活跃的脑部区域一致。

又是一个惊人的结论！在婴儿还不会说话时，他们脑中用于基本运算的组织就已经形成并开始活跃了。

大于“5”的困难

早在 1871 年，英国经济学家威廉姆·斯坦利·杰文斯（William Stanley Jevons）就已经观察到，我们成年人可以轻松理解较小的数量。在著名的“豆子实验”中，他让测试对象们迅速地看一眼装有豆子的盒子，然后让他们说出盒子里豆子的数量。测试对象们在盒子里有 1—4 颗豆子时都能答对，当豆子大于或等于 5 颗时，就出了问题。显然，在不一一清点的情况下，仅凭直观来感知数量，我们人类最多只能感知到 4。研究人员在动物中也观察到了类似的现象，具体将在下一章细说。

尽管如此，人类已经找到了一种方法来弥补我们在快速计算大于 5 的数量时的缺陷。古罗马人，还有中美洲的玛雅人，都为大于 5 的数字专门设计了新的符号。数字 1、2、3、4 在古罗马写作 I、II、III、IIII，而玛雅人写作 •、••、•••、••••。让古罗马人一眼区分出 II 和 III 并不难，但怎么区分 IIIII 和 IIII 呢？所以，他们没有采用很难分辨的 5 条竖线，而是用了一个新符号“V”来表示 5；而玛雅人将数字写作：

1	2	3	4	5	6	7	8	9
•	••	•••	••••	——	• ——	•• ——	••• ——	•••• ——

显然，人类在识别大于 4 的数字时所遇到的困难，促使了古代数字系统的产生。我们至今仍在使用着古罗马人和玛雅人的技巧，当计数时，我们会画 4 条相邻的竖线，不会再画第五条竖线，而是穿过 4 条竖线画一条横线。这样我们一眼就能看出这是 5 了。

那我们如何面对更大的数量和数字呢？小孩子们只会数“1、2、3、4……”但大多数成年人也没有比小孩好多少，还好成年人已经学会了估算。例如，站在站台上，我们可以肯定地说：“有四五十个人在等火车。”但是，只有当我

> 很多人理解不了世界上大多数的事情，因为这些人没有学过数学。
>
> ——阿基米德，
>
> 古希腊数学家

们真的清点人数时，才会知道正好有 48 个人。

心理学家已经仔细研究了人类如何估算较大数量，以及是哪些因素导致了估算结果跟实际结果出现较大偏差。例如，当面对一些均匀分布的点时，我们会倾向于高估数量；相反，不均匀分布的点会让我们低估数量。

另外，有意思的是，我们可以通过一个简单技巧来提高我们的估算准确性：在我们估计总数量后，只需要在过程中时不时地获知确切点数（人数）。假如结果错得离谱，我们下次就不会犯同样的错误了。我们的估算机制，必须时不时地重新校准——就像天平需要校准一样。

用估数代替数数

当我们比较两组数量时，会出现两个有意思的现象。请观察下图里左边和右边的点。

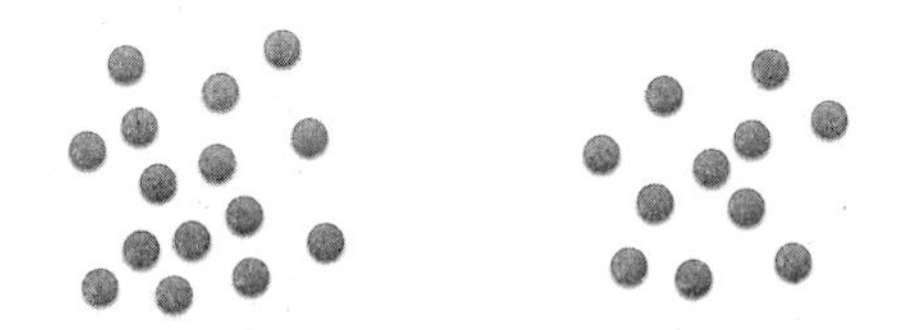

哪边的点更多？经过你的比较，下图里哪一边的点更多，是左边还是右边？

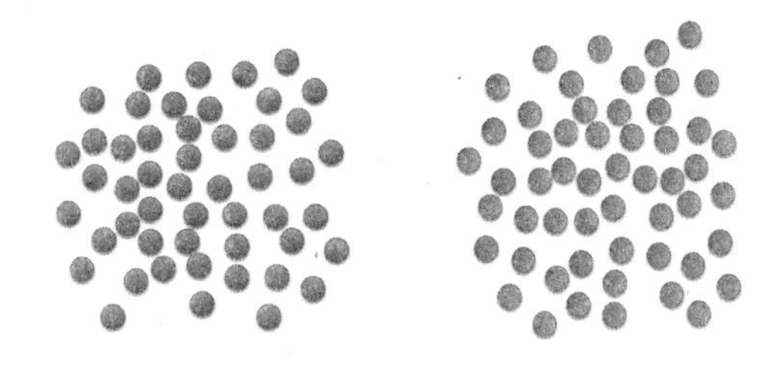

第一幅图相对容易些。左边明显比右边更多：左边有 15 个点，右边只有 11 个。第二幅图的情况更困难一些。很可能你会猜两边点数相同，但这肯定不对。在这幅图里，右边比左边多四个点。不过，当比例为 50∶54 时，我们几乎无法感知其中的差异。这就是心理学家所说的“范畴大小”效应。当我们比较数量时，数量越大，反应时间就越长。

为了识别第二幅图里左右两边的差异，点数的差距必须进一步加大，例如 50∶65。科学家们称之为“距离大小”效应。两个数值相距越大，我们就越容易区分它们。

令人意外的是，除了点数，印刷体数字也会让我们产生这种效应。1967 年，有两位心理学家罗伯特·莫耶尔（Robert Moyer）和托马斯·兰道尔（Thomas Landauer）对此进行了实验。他们向几个成年测试对象展示了一对大小不同的个位数，如 3 和 5。测试对象必须马上判断两个数字中哪一个更大，并按下相应按钮。实验者不断重复地给测试对象看新数字对，并持续监测他们的反应时间。

你觉得实验结果如何？他们对所有数字对的反应时间都一样？至少我们原本的预期是这样，毕竟我们都知道 9 大于 8，也大于 2，因此，在 9∶8 和 9∶2 这两种情况下的反应时间肯定是相同的。

但事实如何呢？当两个数字相差较大时，测试对象需要约 0.5 秒做出决定。他们在面对 9∶2 这种组合时几乎不会犯错，但当他们在面对 5∶6 这种相邻数字对时，结果完全不同，他们不仅经常犯错，平均反应时间也比 9∶2 这种数字对的反应时间长了 0.1 秒。

恼人的数字对

法国科学家斯坦尼斯拉斯·狄昂（Stanislas Dehaene）试图在实验中通过有针对性的训练来消除

这种距离效应。为了能更好地进行训练，他的测试与莫耶尔和兰道尔的测试类似，但更简单。计算机显示屏显示出 4 个数字 1、4、6、9 中的一个。测试对象是来自俄勒冈大学的一批学生，他们只需要按下按钮来决定被显示的数字是大于 5 还是小于 5。

狄昂认为，这个过程非常简单：“你想不到比这更简单的了：当你看到‘1’或‘4’时，就按左边的按钮；看到‘6’或‘9’，就按右边的按钮。”测试对象们练习了很多天，总共完成了多达 1 600 轮测试。

但是最后，在看到与 5 相邻的数字 4 和 6 时，大学生们的反应时间始终比看到 1 和 9 时要长。虽然反应时间随着实验的进程都更短了，但将 4∶6、1∶9 进行比较时，反应时间的变化并不明显。

狄昂反复思考，到底该如何解释这个结果。最后他得出的结论是：当比较两个数字时，大脑显然没有使用已经存储的表格，比如说，在这张表格里写着：6>5。在这种情况下，决策时间长短将不取决于数字间的差距。唯一合理的解释是：人脑里有一种数轴。狄昂猜想，在大脑的犁沟和褶皱的某处，一定有某种模拟的阿拉伯数字。

> 小幽默
>
> 一个数学家教育他的孩子们懂礼貌："我告诉过你们 n 次了，我告诉过你们 n+1 次了……"

你可以把数轴想象成裁缝的一卷旧卷尺，要确定 9 是不是大于 1，快速看一眼位置就够了，但遇到 5 和 6 就得更仔细，到底哪个数字在卷尺上更靠右——在某些情况下你也不能很快判断。

还有一个实验为数轴的存在提供了确凿的证据。这次，测试对象们会看到 31—99 之间的某些两位数，他们必须判断一个数字是大于 65，还是小于 65。结果证明：数字越接近 65，被测试者的反应时间就越长。

同时，对判断起到关键作用的可能是十位上的数？这一假设并未得到证实。其实，当他们看到 71 和 65 时，会比面对 69 和 65 时更快地判断；当看到 79 和 65 时，反应时间还会更短。这确实证明，不是十位上的数字，而是与 65 的距离，才是影响判断时间的最关键因素。

我们脑海里的数轴还有一个有趣的特征：这个数

轴的量表，不像人们所想的那样是呈线性的，而是呈对数的。也就是说，1—10 的距离与 10—100 的距离没什么区别。

因为，在看到较大数值时，我们脑海中的量表整个被压缩了，所以，我们无法绝对感知数字之间的距离，而是只能相对感知。因此，我们会觉得 1 和 2 之间的距离大于 11 和 12 之间的距离，尽管两者间的距离都是 1。

这个原则也有助于我们比较更大的数量。如果我们能感知到 10 只绵羊和 13 只绵羊之间的差别，那么扩大 20 倍的羊群，即 200 只绵羊和 260 只绵羊之间的差别，我们也能成功感知到。

天生的对数

德国生理学家恩斯特·海因里希·韦伯（Ernst Heinrich Weber，1795—1878）在 170 多年前发现了上文这种联系，即“韦伯定律”：“人类以对数的方式感知世界。”这不仅适用于点的集合或者绵羊群，也适用于人的感官，例如感受压力差或温差。

举例说明：假设你有两块重量不同的巧克力，一块重 100 克，另一块重 103 克。你有可能确实能感知到 3 克的差别。接着，你又得到了两个分别为 1 000 克和 1 003 克重的砝码。这时，你就感知不到什么差别了，你会觉得两个砝码一样重。现在，将 1 003 克的砝码换成一个 1 030 克的砝码。瞧，你就又能感知到差别了。

我们内心的对数性量表，也在一个简单的思想实验中有所显露。在 1—2 000 的数字空间中，随机数生成器分两次各择出 10 个数字。在 1—2 000 的区间中，这两行中的哪一行的数字分布得更均匀？

A：868、7、456、1 089、667、1 433、1 988、232、1 678、1 266

B：4、155、345、599、19、1 566、1 067、66、733、1 988

由于你觉得 B 行的数字似乎分布得更均匀，所以 B 行就是正确答案？在 A 行中，好像大数字太多了，但这种直观印象是错的。在A行中，数字间的差距约为200。我们将这些数字根据大小排序就能发现这一点：7、232、456、667、868、1 089、1 266、1 433、1 678、1 988。

在B行中，数字主要集中在1—100、1—1 000的区间里，只有三个大于1 000的数字。所以，明显A行分布得更均匀。

狄昂对此有一个精简的解释：我们更喜欢B行数列，是因为它更适合我们脑海中那个被压缩的数轴，即对数数轴。位于数轴前端的较小的数字，比起较大的数字更显眼。

另一个实验的结果，为根植于我们脑海的对数提供了鲜明的证据，它选取了分别来自美国和南美亚马孙雨林的儿童和成年人进行研究。南美洲原住民蒙杜鲁库人只知道基本数字系统，没有接受过任何现代数学教育。

研究人员在显示屏上为测试对象显示了数量在1—10之间的点。然后，测试对象必须通过控制器在一条量表线上调准，并标出相应点数的位置，这条线轴只有左边标有1，右边标有10，其余刻度并未标注。

美国的测试对象们干得怎么样？如预期一样，他们做到了：他们标出的 5 几乎正好在中间，而 9 非常靠近 10，2 在 1 的右边一点点。现在我们将前面通过控制器调准标注的距离绘制在一张图表里，就会得到一条近似直线。

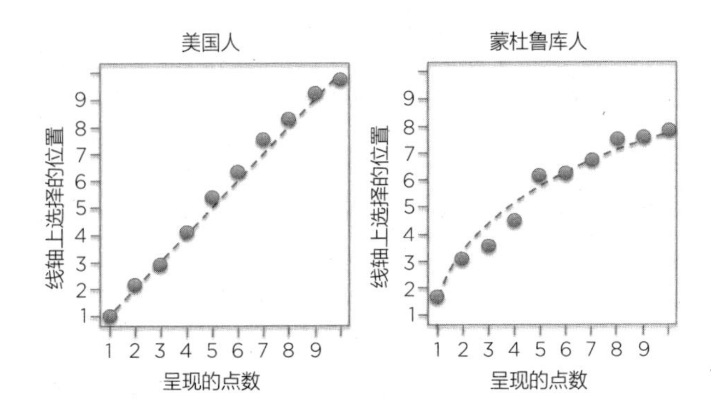

那么蒙杜鲁库人呢？他们的操作很神奇。面对较小的数字，他们移动控制器标出的数字更靠右一些，1 几乎到了 2 的位置，2 则几乎到了 4 的位置。他们标出的小数字间的距离，大于直线量表上的小数字间的真实距离。而面对 7、8、9 这些较大数字则恰好相反，他们标出的间距缩小了很多。

因此，在上图中，蒙杜鲁库人标出的数字不是呈直线，而是呈对数曲线。科学家在早期对美国儿童进行的实验中也观察到了这种曲线。但是，只有当这些儿童没有在幼儿园和小学学过数学时才会发生。因此，对数性量表显然是与生俱来的，线性量表则是通过学习获得的。

就连完全没学过对数的人都会感到惊讶，原来他们早在上学前就知道对数了。后来在学校里，老师想教他们如何求对数，他们反而不会了。

本章中的许多例子足以说明：不管是婴儿、幼儿还是成年人，当人类在面对数字时，都具备惊人的天赋，但只有极少数人发现了这一点。这真是太可惜了！我们甚至还能利用这种天生的数量感来理解更多像对数一样复杂的现象。

习题

习题 1 *

两个自然数之和为 119，它们的差为 21。请问：这两个数分别是多少？

习题 2 *

池塘里长了一片睡莲，它们覆盖的区域每天会翻一倍。60 天后，池塘里全部铺满了睡莲。请问：池塘被睡莲覆盖一半要多少天？

习题 3 **

桌子上有 9 个球，其中一个比其他球都重一些。你有一台带两个托盘的传统天平，但你只能使用它两次。请问：如何找出较重的那一个球？

习题 4 **

如果你只有 10 分、5 分和 2 分的欧元硬币，如何才能正好付给别人 31 分？请找出所有可能性！

习题 5 ***

有个学者想进行 6 天的徒步旅行穿越沙漠。他和他的几个搬运工每人只能携带足够一个人用 4 天的水和食物。请问：这个学者必须带几个搬运工？

二、动物们的数学天赋

猩猩、鹦鹉、蜜蜂，甚至连老鼠都会数数，它们甚至还会计算。这种能力是动物们物竞天择的优势，例如，在觅食时的优势。动物的数学天赋已经被科学家研究过很多次了，每次结果都很有趣。

知道有多少敌人在对你虎视眈眈，这总是好事。这不仅适用于住在山洞里的原始人，也适用于动物，他们不知道自己能不能打得过灌木丛后面的敌人。

尽可能准确地掌握对手的数量，这对动物也很重要。谁若是低估了敌方数量，有时就会付出生命的代价。因为计数中的一个小小错误，可能会带来致命的后果。那么，动物是如何获知同类的数量的呢？

1994 年，剑桥大学的动物学家在坦桑尼亚的塞伦盖蒂公园对狮子进行了一项有趣的研究。凯伦·麦库姆（Karen McComb）和她的同事们想知道母狮子的计数能力有多好。大自然中常常有多达 20 头的母狮子群居，狮群之间通常井水不犯河水，都有自己的领地。然而，狮群之间总是不期而遇，甚至会有激烈的战斗。多数时候数量较多的狮群会获胜。

吼声在狮子的交流中起着重要的作用。狮子会单独吼叫，也会成群吼叫，它们一头接一头地轮流发出

> 上帝只创造了整数，
> 其他所有数都是人创造的。
> ——利奥波德·克罗内克，
> 德国数学家

狮吼，类似合唱团唱歌。麦库姆和她的同事们录下了1头狮子的吼声和由3头狮子组成的小群体的吼声。之后，研究人员们通过扬声器将录下的吼声播放给200米外的母狮群听。母狮们就会不断地听到陌生的狮子的吼声。

扬声器的小伎俩开始起作用了：这些大型猫科动物听得非常认真，然后根据自己狮群的大小来决定是否接近这些“入侵者”。如果扬声器发出1头狮子的吼声，那么由3头或更多母狮组成的狮群，每10次中有7次会进攻，也就是攻击概率为70%。

但如果咆哮声是由3头狮子发出来的，这些母狮子就明显更加谨慎了。它们自己的狮群要达到5头以上，才会冒着70%的风险发动攻击。塞伦盖蒂的扬声器实验表明：狮子会通过吼声来识别出有多少敌人。它们敢不敢攻击入侵者，取决于对手的狮群大不大。它们会比较双方参与战斗的狮子数量，只有当己方占优势时，才会发起进攻。

动物王国里的集合论

科研人员还在其他各种实验中观察到，动物可以很好地获知数量，并比较数量。其中一个很著名的实验是用老鼠进行杠杆测试：将老鼠放进装有两根杠杆的箱子中，只有当老鼠多次按压第一根杠杆再按压第二根杠杆时，它们才会得到奖励。

老鼠在实验开始时并不清楚这个机制。它们只是尝试，看按压杠杆会发生什么。随着时间的推移，它们领会到自己需要按压第一根杠杆的次数视实验条件而定。它们会分别按压 4 次、8 次甚至 12 次，并且几乎不会犯错。

在类似实验中，其他脊椎动物，例如猿猴、海豚和鸽子也都已证明了它们的计数本领。蜜蜂甚至掌握了基本的集合。维尔茨堡的研究人员让蜜蜂在两块相邻的黑板上飞行。一块黑板上画了两个物体，另一块只画了一个物体。在画有两个物体的黑板后面隐藏着奖励：一小碗糖水。蜜蜂很快就知道了食物的位置，并且从此总是飞向正确的黑板。

接下来是实验最有趣的部分。研究人员改变了黑板的排列，以及上面所画的物体的数量、颜色和形状。这样蜜蜂会如何反应呢？它们仍然毫无失误。不管画了两个物体的黑板放在哪儿，无论画的东西是红苹果还是黄点点，蜜蜂总是能找到通往食物的路。

科学家们进一步丰富了实验。他们在两块黑板上分别画了两个和三个物体来训练蜜蜂，之后又分别画了三个和四个物体。蜜蜂们总是很快就能发现要飞往的地方。直到要区分四个和五个物体时，蜜蜂才失败了。“这是我们第一次证明：无脊椎动物也具备计数能力。”维尔茨堡养蜂组的于尔根·陶茨（Jürgen Tautz）说道。

蜜蜂实验，证明了动物的抽象能力可以如此优秀，这是一项令人印象深刻的科学成果。两个苹果和两个点，对它们来说是相同的，因为都是两个。就像我们在第一章看到的，婴儿也一样能抽象思考。一个玩偶和另外一个玩偶，“唰”的一下变成了两个球，而他们一点儿也不惊讶，跟蜜蜂一样，对于婴儿来说两个物体仍然是两个。

聪明的黑猩猩

动物的抽象能力远远不止于此。它们不仅可以统计物体个数，还能比较数量，甚至还能对闪光和声音等刺激进行统计和比较。这个实验是由罗素·切尔西（Russell Church）和沃伦·梅克（Warren Meck）完成的。研究人员让老鼠听到 2 次声响时按两根杠杆中左边的那一根，听到 4 次声响时按下右边的杠杆。之后，这些啮齿动物就学会了，在有 2 次和 4 次闪光的时候，它们也必须按下相应按钮。

研究人员提出的问题如下：老鼠的大脑分别存储了声音和闪光出现的规律？或者说，它们将刺激的次数抽象化，并从中推导出了普遍规律？

为了找到答案，科学家用一个新的实验来测试老鼠：两次声响之后，接着又是两次闪光。老鼠们完美地完成了任务。它们毫不犹豫地按了正确的杠杆，就像在面对 4 次声响或 4 次闪光时一样。老鼠不仅可以将物体抽象化，还能将声音和闪光抽象化。

不过，动物王国中最伟大的数学天才，是人类最亲近的灵长类“亲戚”——黑猩猩。1981 年，盖伊·伍德拉夫（Guy Woodruf）和戴维·普雷马克（David Premack）在《自然》上发表的一篇论文引起了轰动。这两位研究员报告说，黑猩猩不仅能知晓数量，甚至还能做分数计算。

在实验中，研究人员会向一头成年黑猩猩先展示一件物品，再展示两件，如果它能从后面两件物品中选出与前面所展示的一样的物品，它就会得到奖励。这个实验听起来比之前的实验更容易。在黑猩猩面前有一个装有有色液体的半满玻璃杯，它必须在半个苹果和 3/4 个苹果中进行选择，与相应的杯子匹配。您瞧好了，黑猩猩的抽象能力足以使其辨识出：半满的玻璃杯与半个苹果是匹配的。

最后，伍德拉夫和普雷马克想知道黑猩猩是否能进行分数加法计算。他们稍微改变了实验条件，没有向黑猩猩展示半满的玻璃杯作为原始刺激物，而是用一个苹果和半杯牛奶。接着，黑猩猩要从一个完整的圆和 3/4 个圆中做出选择。黑猩猩真的在头脑中将 1/4 和 1/2 合并成 3/4 了！因为它在已完成的测试中多次选择了 3/4 个圆。这就意味着灵长类动物掌握了基本的分数加法计算——这谁能想到呢！

除此之外，黑猩猩的实验也表明：灵长类计算数字的原则，与我们人类完全相同。1987年，有一对学者夫妇苏·鲁博（Sue Rumbaugh）和杜安·鲁博（Duane Rumbaugh）的实验，完全是靠“巧克力的诱惑”。他们在黑猩猩面前放了两个抽屉，每个抽屉里都放了几块巧克力。研究人员假设，这些动物会主动伸手抓向装有最多块巧克力的抽屉。一旦它们决定了一个抽屉，另一个抽屉就会被迅速撤回，它们就无法拿到被撤回的抽屉里的巧克力了。

研究人员想在实验中同时发现灵长类加法水平究竟如何，他们就在抽屉里将巧克力分为两小堆。例如，在一个抽屉中，将4块巧克力堆在一起，还有一块巧克力是单独放的；在另一个抽屉中分为两堆巧克力，各有3块。事实上，黑猩猩通常会选择放着最多巧克力的抽屉——太优秀了。

但是，黑猩猩也会犯错误，我们人也一样会犯这种错误。如果被比较的两个数字相距较远，例如2∶6，那么黑猩猩就几乎不会犯错，因为两个数字间差异较大，这对黑猩猩而言也很明显。然而，随着两个数字间的差距减小，错误率就会提高。你已经从上一章学到了，这就是“距离效应”。

研究人员也观察到了“范畴大小”效应。当两个数字仅仅相差为1时，正确率会随着巧克力数量的增加而降低，如下表所示。

两头黑猩猩选择的正确率

数字对	黑猩猩奥斯汀	黑猩猩谢尔曼
4：5	95%	93%
5：6	90%	90%
6：7	89%	87%
7：8	79%	79%

此外，两头黑猩猩“奥斯汀”和“谢尔曼”的计算技能远远高于人类幼儿。但是，在此还必须考虑到这两只灵长类动物不是普通黑猩猩。饲养员进行了长期训练，以确保它们掌握一种象征性语言。例如，一旦它们学会每一份大餐都相对的象征符号，就可以通过按按钮来表达自己的食物偏好。

玩触摸屏的黑猩猩

经过相应的培训，黑猩猩甚至可以在运算时战胜成年人类。日本京都大学灵长类动物研究所的研究人员为此提供了惊人的证据，有一头名叫“艾”（Ai）的雌性黑猩猩在那里接受训练。这头在非洲出生的母猩猩于 1977 年一岁时就来到了日本。

> 追寻简单的事物，并且怀疑它。
>
> ——阿尔弗雷德·怀特海，英国数学家、哲学家

多年以来，日本科学家松泽哲郎（Tetsuro Matsuzawa）和他的同事们都在教艾阅读数字和文字。这些科学家当时就已经用上了罕见的计算机键盘和触摸屏，不像现在，我们早就对这些设备习以为常了。艾在 5 岁时，就已经能通过点击跟物品颜色、数量和种类对应的符号按钮来描述自己所看到的物体。

松泽哲郎教艾学习如何阅读 0—9 的阿拉伯数字。在视频中艾演示了它如何在一瞬间识别出屏幕显示出的点的总数，并点击触摸屏上正确的数字。整个过程如此之快，以至于观众无法一下检验结果。为了增加任务难度，需要点击的数字 0—9 总会以不同的方式排列出来。你最好自己去看看视频，在网上搜索“松泽哲郎”就能找到。

京都的研究人员还教会了15头黑猩猩如何按大小排列数字。当触摸屏以随机顺序显示0—9的数字时，猩猩们就开始点击0、1、2……仿佛真从0数到了9一般。当然，它们数的速度也快得令人称奇。

在另一个实验中，这些年轻的黑猩猩还证明了它们具备某种照相式记忆。在这个实验里，显示屏上随机排列地显示出1—9当中的几个数字，但只有很短的时间。之后，显示屏上的数字就被白色方块遮住了。黑猩猩要做的就是以正确的顺序来点击方块，从1、2、3开始，依此类推。

这些黑猩猩极其迅速地解答了这道9个白色方块的数字记忆题。研究人员还让几个大学生同样使用触摸屏参与实验，与黑猩猩的记忆能力进行比较。

就错误率而言，人与黑猩猩之间几乎没有任何差异，但在快速记忆方面，年轻的黑猩猩遥遥领先于人类大学生。为了获知短期记忆的极限，黑猩猩跟人类一样，在数字被白色方块遮盖之前，只有零点几秒来观看。

当有0.7秒的时间观看5个数字时，大学生和猩猩的命中率都达到了80%。当数字只显示0.2秒就消失时，黑猩猩“阿玉木”（艾的儿子）的命中率仍然是 80%。而在这么短的显示时间里，大学生的命中率只有 40%。你最好也去网上看看阿玉木的视频，它对数字的快速捕捉太令人震撼了。

松泽哲郎说：“许多人包括生物学家，都认为人类在认知能力的各个方面都优于黑猩猩。”但没人能想到，一头 5 岁的黑猩猩能比人类更好地解决数字记忆题。

世界上最聪明的鹦鹉

在对黑猩猩进行了上面这些神奇的实验后，我们可能会以为，它们就是动物王国中最伟大的数学天才了。确实它们有可能是冠军。但是，我还想补充两只非常特殊的动物的故事，它们同样也取得了令人瞩目的成就。

首先是灰鹦鹉亚历克斯（Alex），它生于 1976 年，由美国人艾琳·佩珀伯格（Irene Pepperberg）教它说人话。每当佩珀伯格想喂亚历克斯吃东西时，她就问它：“你想要吗？”当鹦鹉不喜欢这个食物时就会说："我要胡萝卜。"当亚历克斯口渴时，它就会说："我想喝水。"

这只鹦鹉还学会了不同材料的名称，而且能分辨材料。佩珀伯格向鹦鹉展示 1 块木头和 1 个羊毛线团，并问它这是什么材料。佩珀伯格用简单语言跟亚历克斯交流——"什么材料？"鹦鹉会回答"羊毛（Wool）"或"纸（Paper）"。我同样建议你去看一下亚历克斯的视频，网上都能搜到。

众所周知，鹦鹉能完美地模仿声音和音调，但亚历克斯并不是简单重复它从教练那儿听到的东西。"它真的能明白这些问题的意思。"佩珀伯格说。此外，它的计算能力也让人印象深刻。

例如，佩珀伯格向亚历克斯伸出两把钥匙，问道："有多少把？"亚历克斯很快回答："两把。"它的计算能力还不止如此。佩珀伯格向它展示了一个托盘，托盘上有 2 个绿色、5 个蓝色的立方体，还有几辆绿色和蓝色的玩具车。然后，她问道："有多少个绿色方块？"虽然亚历克斯是第一次看到以这种组合放置的物品，但它依然给出了正确答案："2。"

2006 年，佩珀伯格发表了关于亚历克斯计算能力的研究成果。在实验中，亚历克斯面前有两个倒扣的不透明塑料杯，下面藏着坚果或糖。只有当实验者抬起其中一个杯子时，亚历克斯才能看到它下面有多少坚果。之后，实验者再抬起第二个杯子。亚历克斯每次有10—15秒来得知每个杯子下的物体数量。

接着，实验者试着与鹦鹉进行目光接触，并问道：“总共有多少坚果？”这时，鹦鹉已经看不见杯子下面的坚果了。如果亚历克斯没有回答，问题就会在5秒后重复一次。为了尽量减少对鹦鹉的干扰，实验由6个不同的实验者来进行。

亚历克斯要算出的坚果总数从1到6不等。在总计48次单独实验中，鹦鹉一共犯了7次错误。它的大多数错误（即4次）都发生在坚果总数为5时。亚历克斯在计算3+2和5+0时各出了两次错。鹦鹉究竟是如何进行计算的，为什么它总是在和为5时出错，而不是和为6时出错？可

> 我们必须学数学，因为它能让我们的思想井井有条。
>
> ——米哈伊尔·罗蒙诺索夫，俄罗斯博物学家

能它的教练也没能搞清楚吧。不过，不可否认，鹦鹉亚历克斯能做简单的加法。

柯基犬也会函数求导

在这章结束前，我想介绍最后一只天赋惊人的动物，名叫埃尔维斯（Elvis），是一只威尔士柯基犬。埃尔维斯之所以能成为科学出版界的宠儿，得感谢它的主人蒂姆·彭宁斯（Tim Pennings）。彭宁斯住在美国的荷兰镇，就位于密歇根湖湖畔，他是镇上霍普学院的数学老师。

彭宁斯会定期和埃尔维斯一起出去溜达，在宽广的密歇根湖边惬意地散步，与此同时，他总是会带上狗狗最爱的玩具：一个网球。彭宁斯通常沿着水位线在沙滩上散步，把球斜着扔进水里（参见第 42 页的图表）。此时，这位数学老师发现，埃尔维斯从来没有直接游向它最喜欢的球，而是在沙滩上跑了几米之后才一个急转弯，跳进水里游完最后几米。

数学家的直觉，让彭宁斯开始思考为什么埃尔维斯没有走直线。很快，一切真相大白：狗狗会在沙滩

小狗埃尔维斯在密歇根湖边玩耍（彭宁斯　摄）

上跑一段距离，因为它奔跑比游泳快得多，这样它就能花比直线游泳更少的时间去拿到球。

彭宁斯分析了这个问题，并指出：要找出最快的路径，你必须掌握微分学，因为求相同时间下最短的路径就等于求一个函数的最小值，而没有人可以立马说出这个最小值。

简单而言，在彭宁斯所做的35次试验里，埃尔维斯几乎每次都会选择非常接近最优解的路线。但是，这就等于埃尔维斯真能区分出或计算出函数曲线上升或下降的趋势吗？

这就有点儿让人难以置信了。不过，有可能确实是这样，埃尔维斯只是对如何以最快速度拿到心爱的网球有一种良好的直觉。它经常在沙滩上嬉戏，在水里游泳，它就在这当中获得了经验。但也许，这也是某种来自演化与遗传的数学直觉，可以帮它们更有效率地移动。

埃尔维斯会做微分吗？

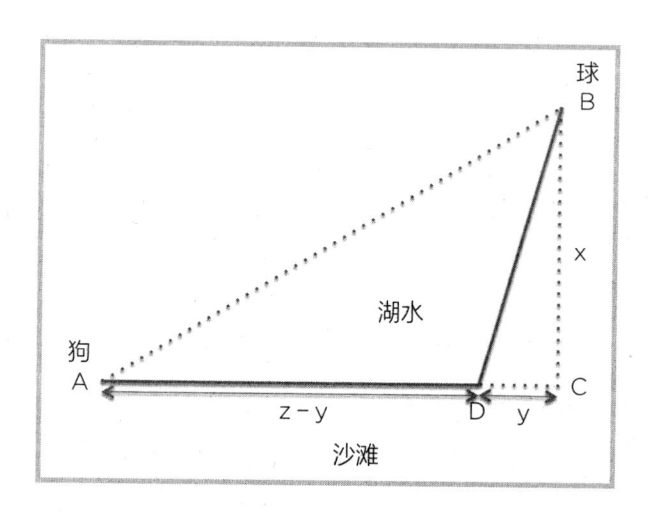

埃尔维斯站在 A 点，网球在水里漂向了 B 点。为了计算出埃尔维斯要用多少时间才能拿到球，我们

必须知道它走过的路程、奔跑的速度和游泳的速度。它在沙滩上从起点 A 点跑到 D 点，这条路线的距离是 $z-y$。然后，它从 D 点游到 B 点，根据勾股定理，这段距离的长度是 $\sqrt{(x^2+y^2)}$。我们把奔跑速度设为 g，游泳速度设为 s。根据时间 = 距离 / 速度，就得到了计算总时间的公式：

$$T(y)=\frac{(z-y)}{g}+\frac{\sqrt{(x^2+y^2)}}{s}$$

我们要求这个函数的最小值，就要求它的一阶导数：

$$T'(y)=\frac{-1}{g}+\frac{y}{s\times\sqrt{(x^2+y^2)}}$$

函数的最小值为 $T'(y)=0$。最后，我们就得到了答案：

$$y=\frac{x}{\sqrt{(\frac{g^2}{s^2}-1)}}$$

彭宁斯已经指出，埃尔维斯以 6.4 米 / 秒的速度奔跑，并以 0.9 米 / 秒的速度游泳。由此得出 $y = 0.14x$。这就是说，狗狗在沙滩上跑了很长一段时间，突然转一个直角，最后游完剩下的路程。

动物具备基本的数学意识，这也使得埃尔维斯总能以最快时间找到球。同样，我们人类也要将天生的数量感归功于演化遗传。动物能做到的事，比如把物体抽象化，人类婴儿也能做到。但是，在某些挑战上，我们甚至还不如黑猩猩！我觉得特别有趣的一点是，当动物面对 1—4 的较小数字时，和我们一样老练，而数字一旦大于 5 就不行了。这恰好是我下一章要说的问题。

习题

习题 6 *

你有两个容器，一个容器可以装 3 杯水，另一个可以装 5 杯水。请问：如何用这两个容器量出 4 杯水？

习题 7 *

已知下面三个孩子里有一个在说谎。到底是哪个在说谎？

马克斯说：本在说谎。

本说：汤姆在说谎。

汤姆说：我没有说谎。

习题 8 **

一个盒子里有 30 个红色、30 个蓝色和 30 个绿色的球，它们重量相同、触感相同。你要取出 12 个颜色相同的球。在取球时，你必须全程闭眼，取完球后才能再次睁眼。你至少需要从盒子里取出多少个球，才能确保拿到 12 个颜色相同的球？

习题 9 **

已知等式：$4^2-3^2=4+3=7$。此等式也适用于数字 11 和 10，即 $11^2-10^2=11+10$。还有其他更多这样的数字组合吗？

习题 10 ***

妮娜和莉莉在玩一个骰子游戏：

每个玩家有两个普通骰子。两人轮流掷骰子，每个玩家在掷骰子时可以决定自己掷两个还是一个骰子，接着，把掷骰子得到的点数相加，谁首先达到总数 30，谁就获胜。谁要是超过 30，就必须从 0 开始。妮娜开始时总是扔两个骰子，现在她获得了 25 点。在下次掷骰子时，她应该再次用两个骰子还是一个骰子来掷出 30 点？

三、生活中的逻辑技巧

人的大脑其实不适合快速计算，但是有种技巧可以让我们走捷径——聪明的缩写，但不幸的是，德语里没有采用它。

如果没有语言，世界会变成什么样？那样，就不会有文学了，也不会有历史学——我们必须手舞足蹈地来沟通。正因为这样，许多科学家认为语言是我们祖先最重要的发明。多亏语言，我们才能为事物命名，与其他人交流，甚至谈论抽象和虚构的事物。

心理学家和大脑研究者总是提出一些激动人心的问题：语言和思想的联系到底有多紧密？我们的大脑是以文字还是以图片的形式来思考的，或者是以其他完全不同的形式？当我们在做算术或几何题时，大脑里发生了什么？如果没有文字，数学思维还存在吗？

对于爱因斯坦来说，这些问题非常简单："文字和语言，无论是书面的还是口头的，在我的思维过程中似乎没有起什么作用。"这位相对论的创始人如此说道："作为我思想基石的心理对象，是那些明确的、大致清晰的符号和图像，我可以将它们进行再生产，并重新联结起来。”

许多数学家描述的经验与爱因斯坦非常类似，当他们为证明而烦恼时，他们几乎没有用文字来进行思考。然而，一旦涉及数字和孩子们在小学要学的乘法表时，语言就突然发挥了重要作用。但语言有时候也会阻碍我们计数和计算，即使成年人也是如此。

心理学家在研究我们的短期记忆时发现，当我们的嘴里嘀咕着数字时，就会意识到数字和语言在心算时的联系了。法国数学家斯坦尼斯拉斯·狄昂在其著作《数感》（*The Number Sense*）中描述了一个简单的实验。请你尽可能快地大声读以下数字：

9、5、3、1、4、7、2

现在，请闭上眼睛，试着在 20 秒内记住这排数字。如果你跟我一样是德国人，那么你就有 50% 的概率能完成挑战。相对地，中国人则几乎全都能背出来，因为中国人平均能瞬间记住 9 个数字，而德国人只能记住 7 个。

为什么？不是因为两国人大脑结构不同，也不是因为中国学校训练更多，而是在于我们短期记忆运作的方式与方法。我们通过一遍遍地重复诵读来记住数列。我们头脑里的短期记忆只能存储约 2 秒的声音记忆。这就是说，我们只能记住自己在 2 秒里能背出来的数字。

说话快的人有优势

比起我们德国人，中国人有一个明显的优势：他们的数词明显短于我们的数词——请参阅第 53 页的表格——中文能在 2 秒记忆存储中嵌入更多的数字，心理学家也将这种短期记忆存储机制称为“语音环路”。

另外，语音环路也能解释说话快的人为何能更好地记住更长数字组合，因为他们在 2 秒短期记忆中能存储更多数字。

数词会对说德语、法语和英语的儿童造成困难，不仅仅是因为词条的长度。多少个世纪以来，产生了像 einundzwanzig（德语的 21）或 quatre-vingt-douze（法语的 92）这样非常烦琐的长词，导致我们获取数字信息相当困难。

美国研究员凯文·米勒（Kevin Miller）在 1995 年与他的中国同事一起做了一项惊人的研究。科学家们要求被测试的美国和中国儿童大声地数数，尽可能多地数。研究人员发现：两国的三岁儿童几乎没有差异，通常都能数到 8 或 9。但接下来就有区别了：美国的四岁儿童很难数到 15，而中国的四岁儿童则能数到 40 或 50。

研究人员用中文数词严格的逻辑规则来解释这种明显的差异。美国人的 eleven（11）和 twelve（12）跟我们德国人的 elf（11）和 zwölf（12）一样，都把其作为完全独立的词，孩子们等于要学一个新词。相反，中国人则把“十”与“一”“二”组合起来，形成类似的数词。11 在中文里读作 shi yi，12 则读作 shi er。

在 13—19 区间，德语跟英语一样遇到一个问题——数词开始不合逻辑了，人们几乎都没有注意到

中国人的优势：数字系统的比较

数字	中文读音	含义	德语	英语
1	yi		eins	one
2	er		zwei	two
3	san		drei	three
4	si		vier	four
5	wu		fünf	five
6	liu		sechs	six
7	qi		sieben	seven
8	ba		acht	eight
9	jiu		neun	nine
10	shi		zehn	ten
11	shi yi	十一	elf	eleven
12	shi er	十二	zwölf	twelve
13	shi san	十三	dreizehn	thirteen
20	er shi	二十	zwanzig	twenty
21	er shi yi	二十一	einundzwanzig	twentyone
22	er shi er	二十二	zweiundzwanzig	twentytwo
30	san shi	三十	dreißig	thirty

这点。当我们说出英语的 thirteen（13）、fourteen（14）以及德语的 dreizehn（13）、vierzehn（14）时，首先说出的是个位数，接着才是十位数，但我们又得以相反的顺序写下来。

从 21 开始，英语国家的情况能好点儿：数词又有逻辑基础了（21 是 twenty-one 而不是 one twenty），相反，德语仍然把个位数放在前面（21 是 einundzwanzig）。孩子的大脑总是反复被这个颠三倒四的结构折腾，有时他们会把 32 说成 dreiundzwanzig（“3 和 20”，即德语的 23），或者，他们听到的是 zweiundfünfzig（“2 和 50”，即德语的 52），却写成了 25。

中国孩子的数学优势

在中国的学校里就没有这些问题。13 在中文里读作 shi san，21 读作 er shi yi。例如，我们从数字 21 就能看出，中文没有用德语那样的独立单词表示 20、30，中国孩子也因此受益。一个人要表达 20，就直接说 er shi，要表达 30，就直接说 san shi。

> 我跟数学家的观点不一致。我认为，多个0的总和是一个危险的数字。
>
> ——斯坦尼斯洛·勒克，波兰诗人

“中国人的数字表达方式，在逻辑上是通顺的。”波鸿的数学教授洛塔尔·格里岑（Lothar Gerritzen）说道，“对于较小的孩子来说，这是一个巨大的优势。”他长期致力于德语数词改革。他的目标就是让 zwanzigeins（21）取代 einundzwanzig（1-20）。格里岑的“Zwanzigeins（21）”协会致力于在德语里采用不颠倒的数字说话方式，虽然迄今为止只是徒劳。也许这是因为协会并没有努力去实现目标？毕竟，他们协会叫作 Zwanzigeins（21），而不是 Zwei-zehn-eins（2-10-1），而后者明显更容易理解。

不过话又说回来，他们计划要废除不符合逻辑的数词，我完全感同身受。这样我们就能减轻刚走进数学大门的孩子们的负担。不过，我对德国能否真正进行如此彻底的改革抱持怀疑态度。“我也是这么学过来的，”长辈会对孩子们说，“你们还是得努力学。”保守派的力量很大，即使它们挺不合逻辑的。

眼下，这场关于德国正字法改革的争论就足够说明这一点了。

德国小学生们在继续跟烦琐的数词做斗争的路上，又遇到了新的困难：乘法表。他们要花好几个月练习乘法，考试时，他们必须解答出 5×6、9×7 之类的乘法。我们成年人在生活中也会经常跟乘法打交道。

然而，尽管做过许多练习，我们的计算技巧仍然很平庸。像 6×8 这类题，一个好的心算者也需要约 1 秒时间来做出反应。除去输入时间的话，用计算器明显会更快些。另外，我们总是会算错。我偶尔也会搞错：7×8 是等于 54 还是 56 来着？

心理学家会仔细研究我们在什么时候算错，为什么算错。我们犯的错，揭示了我们的大脑是如何存储乘法表的。我们再次以 7×8 来举例。如果有人没有回答 56，而是说出了一个错误的答案，那这个数字通常就是 48、49 或 54，也许还有 63、64。但是，基本没有人会回答 47、51、59、61。这又是为什么呢？这些数字的区别是什么？

乘法表的小秘密

	1	2	3	4	5	6	7	8	9	10
1	1	2	3	4	5	6	7	8	9	10
2	2	4	6	8	10	12	14	16	18	20
3	3	6	9	12	15	18	21	24	27	30
4	4	8	12	16	20	24	28	32	36	40
5	5	10	15	20	25	30	35	40	45	50
6	6	12	18	24	30	36	42	48	54	60
7	7	14	21	28	35	42	49	56	63	70
8	8	16	24	32	40	48	56	64	72	80
9	9	18	27	36	45	54	63	72	81	90
10	10	20	30	40	50	60	70	80	90	100

其实想解释这点并不难：数字48、49、54、63和64都在乘法表中，因此，我们将它们作为乘法计算的答案存储在脑海中。当我们想要7×8的答案时，大脑就会在乘法表中进行搜索，有时会碰到错误的行或列。与此相反，47、51、59、61要么是质数，要么像51那样是17和3的乘积。这些数字都不在乘法表中，所以我们很难一下找到答案。

模式识别大师

加拿大认知科学家乔安妮·莱夫维尔（Jo-Anne

LeFevre）在一项简单实验中研究了这种“无意识”的计算。她向成年测试对象展示电脑屏幕上显示的两个数字，例如 2 和 4。之后，这对数字就消失了并出现第三个数字，例如 3、4、6。测试对象必须尽可能快地判断出，前面两个数字中是否含有第三个数字。

研究人员记录了测试对象的反应时间并发现，当第三个数字恰好是前两个数字之和时，他们需要更多时间来下判断。例如，当前面出现的数字是 2 和 4，第三个数字是 6 时就会出现这样的情况。显然，当我们看到两个数字时，会立刻下意识将这两个数字相加，再花较长的时间思考这对数（2、4）中是否含有 6。如果第三个数是 9，就没有这种问题了。

从这些发现中我们可以得出什么结论呢？我们的大脑不太适合精确计算。关联式思维可以帮助我们处理模糊和不完整的信息，但是对数字却没什么用。

由于我们的大脑结构并不适合乘法表，那么未来的数学老师应该抛弃乘法表吗？毕竟我们用计算器也能得出 6×8 的答案。

我的回答是否定的。不管乐不乐意，包含了 1—10 的所有乘积的小小乘法表，是我们在学校里绝对应该掌握的东西。德语正字法也是我们应该学的，它在逻辑一致性方面，比我们的数词 dreizehn（13）或者 einundzwanzig（21）能暴露出更多问题。

在数学上，我们总是会需要用到这张小小乘法表，比如，当我们求解含有一个或多个未知数的方程组的时候，或者计算函数的求导的时候。在生活中，我们也经常会遇到计算题：餐桌上坐有 5 个人，每个人要吃 3 片面包，我应该切多少片面包？这时，你会想拿计算器来算吗？我可不会！

不过，要背诵包含 1—20 的大乘法表，我觉得还是算了吧。遇到这样的问题，我也会迅速拿出计算器。但是，那些与较大数字频繁打交道的人，还可以用比计算器更快的办法。我在这儿有很多非常巧妙的办法，可以帮你解决麻烦的数字。

乘以 11

不可否认，我们很少有机会要算一个两位数乘以 11 的积。但假如，未来某一天你真要计算，你就可以走捷径了。很简单：32 和 11 的乘积是一个三位数，它的首位是 32 的 3，末位是 32 的 2。中间的数字是 3 和 2 之和，即 5。下面是更详细的计算过程：

32 × 11 = 3（3 + 2）2 = 352

这个方法非常奏效，请你试着解答下面 4 道题：

45 × 11 =

72 × 11 =

18 × 11 =

36 × 11 =

然而，我们还必须注意那些两个数字之和大于 9 的两位数，即它们的和也是两位数，例如 85。如果按照这个规则计算，乘积就会太大。

85 × 11 = 8（8 + 5）5 = 8 135（错了吧！）

不过，这个诀窍仍然可以用。8 和 5 两个数字的和 13，构成了答案的中间数字，我们必须注意正确排列。13 中的“3”是在中间，但剩下的“1”必须加到第一个数字“8”后面去。正确的计算过程是：

85 × 11 = 8（8 + 5）5 = 8（13）5 =（8+1）35 = 935

请你用这个窍门解答下面 4 道题：

47 × 11 =

59 × 11 =

77 × 11 =

89 × 11 =

另外，还有个问题：为什么这个“乘以 11”的窍门是有效的呢？你能证明它能应用于所有两位数吗？请比较一下你自己的证明与书后答案的证明。

两位数的平方

我还是学生时，能记得 1—20 所有数字的平方数。但如果你现在问我，19×19是多少，那我就辜负数学老师了。不过，幸好我还有一个简单技巧，让你轻松地算出平方。

面对用手都数不过来的数字（毫无疑问，19也是），这个点子就是，我们得去改造一个数字，使它更方便计算。如果我们用19×20，会怎么样？为了使结果尽量正确，我们将前一个19加上1，后一个19减去1，得出的积是20×18，再加上1^2，就得到了正解。我再将这个过程详细写下来：

$$19^2 = (19+1)(19-1)+1^2 = 20\times18 + 1^2 = 361$$

这个方法在计算更大的两位数时会更明显，例如87：

$$87^2 = (87+3)\times(87-3)+3^2 = 90\times84 + 9 = 7\,560 + 9 = 7\,569$$

现在，你自己来做！

$68^2 =$

$52^2 =$

$91^2 =$

$65^2 =$

另外，这个窍门是基于“二项式公式”，此公式在许多数学题中都很有用：

$$(a+b)\times(a-b)=a^2-b^2$$

如果我们在等式的两边都加上 b^2，我们就找到了计算思路：

$$(a+b)\times(a-b)+b^2=a^2$$

手指乘法

在计算例如 13×15 的乘法时，我更喜欢用计算器，但还有一种窍门可以用来解答，在这个窍门里面，你的手指就发挥关键作用了。针对 1—9 的每个数字我们都需要一个手势。例如，表示数字1—5时，我们可以向上竖起正好1—5根的手指。表示数字6时，我将手朝下，只伸出一根手指，伸两根手指则表示7，以此类推。我必须牢牢地记住这些手势。

在计算13×15时，我们首先只关注个位数。我用左手表示3，用右手表示5——每只手伸出的手指都朝上。计算如下：10×10=100，加上双手所表示的数并乘以10，即（3+5）×10=80，再加上双手所表示的数的乘积，即3×5=15。最后答案就是100+80+15=195，正确！

手指乘法也适用于22×24或者34×35，最重要的是，这两个因数十位上的数字得相同。下面是22×24的计算过程：

$$20\times 20+20\times(2+4)+2\times 4=400+120+8=528$$

请你试试，看自己能不能动动手指就完成15×14和23×24的计算！

从左边开始加

你在学校里肯定学过如何书写竖式加法。方法如下：我们将数字上下排列，并从右边个位数上开始相加，然后是十位数、百位数……

如果你想在头脑里快速做两位数的加法运算，那就应该用不同的方法。不是从右边开始相加，而是从左边加起，如下所示：

57

\+ 32（30 + 2）

= 87 + 2

= 89

这种现象背后的原理是：将题干简化，把它分解为更小、更易操作的小部件。也就是说，首先，只将第二个数十位上的数字加上第一个数。其次，再加上它个位数上的数字。在脑子里同时进行上面两个步骤，那就太难了。

如果你想了解更多这种计算技巧的信息，我可以推荐两本书，也是这种技巧的出处。第一本是美国数学家亚瑟·本杰明（Arthur Benjamin）写的《心理数学的秘密》（*Secrets of Mental Math*）。他还曾打扮成“数学魔术师”来推广他的演算技巧。第二本是德国的速算者葛尔德·米特灵（Gert Mittring）写的《世界冠军的计算法》（*Rechnen mit dem Weltmeister*）。米特灵曾多次获得心算世界冠军，他能在几秒内在头脑里将一个三位数开 13 次方根！

米特灵和本杰明肯定是聪明过人的，但是在他们的“数字杂技”背后，是难以想象的大量训练。快捷的计算方法确实很重要，但很可惜，这些计算方法我们在学校里没学到。

爱因斯坦是对的！

最后，我还想跟你们分享一个实验，它证实了本章开头爱因斯坦支持某种计算方式的说法。众所周知，这位相对论的创立者认为，语言在他的思维过程中几乎没起什么作用。1999 年，美国心理学家伊丽莎白·斯培基（Elizabeth Spelke）和她的同事们用计算题测试了 8 个大学生。

这项研究的特点是，实验对象的英语和俄语都非常流利。他们都来自俄罗斯，然后在美国平均生活了5年。研究人员训练这些学生进行两位数的加法计算。但是这些题不是以阿拉伯数字例如 23+12 的形式显示在屏幕上的，而是以工整的数词形式。一部分测试对象的题目用英语表示，另一部分用俄语。例如，屏幕上显示：

twenty-three + twelve（20-3 + 12）

或

двадцать три + двенадцать

我们在学校里没学到的数学，其实也很有趣。

——伊恩·斯图尔特，英国数学家

题目显示完会分别出现两个数词，这两个数词用他们平时训练时所用的语言来显示。然后大学生们要通过按下按钮来选择与答案相符的数词。他们的反应时间会被记录下来。

在测试前几天里，他们只用一种语言练习加法，但在最后的测试中，实验对象看到的一部分答案，并不是用他们平时训练中的那种语言来表示的。例如，题目用俄语表示，答案则用英语表示。

实验结果表明，语言的转换很明显导致了反应时间延长。对此，研究人员的解释是，对精确加法计算的认知，被以一种与语言相关的格式存储了。谁要是一直用俄语做加法，一旦他面前突然出现了英文数词，那么他就得优先翻译这些英语数词，因此解答就会需要花更长时间。这个结果并不让人意外。

更惊人的是第二个实验的结果。在这个实验里，也是两个数相加，但显示屏上所显示的两个备选答案，没有一个是对的。第二个实验的任务是选出最接近答案的数字。所以这项任务更多需要的是估算，而不是精确的计算。

在这个实验里，同样是一部分测试对象只用英语数词进行练习，另一部分只用俄语数词。令人惊讶的是，当语言转换后，估算的反应时间并没有改变。例如用俄语数词进行训练的人，无论他面前最后呈现的是俄语还是英语数词，找出最接近答案的那个数字所需要花费的时间都相同。

在估算答案时，我们大脑的运作方式与精确计算时完全不一样——语言没有参与进来。研究人员在实验过程中进行的脑部扫描也证实了这一点。在精确计算时，与语言相关的大脑区域发挥作用，但在估算时，则由处理视觉和空间信息的大脑区域负责了。

我觉得这个实验结果特别棒，因为它驳斥了一种老掉牙的偏见。我常常听到这样的说法："我不适合跟数字打交道，我的优势更多在语言上。"在这里，正如本章的例子所示，数字和语言自然是密切相关的。对于语言天赋过人的人来说，乘法表也许比动词变位形式难不了多少，而这两个知识，我们都必须勤奋学习。

习题

习题 11 *

国王独占国际象棋棋盘的一个角落。“他”每次只能移动一格。每当“他”感到孤独时，就会滑到邻近一格。这样总共发生了 62 次。请你证明棋盘上有一个国王从没有踏进过的格子。

习题 12 **

请找出满足以下条件的所有两位自然数：

它们等于自己的横加数的 3 倍。

习题 13 **

已知两个不同大小的正方形，请找到一个面积等于已知两个正方形面积之和的正方形。

习题 14 ***

已知三个相同大小的圆彼此相切。请问：它们所围住的面积有多大?

习题 15 ***

请证明，下面这样的例子有无数个：

五个连续的自然数里没有一个数是质数。

四、被误解的天才和数学恐惧症

一个孩子喜不喜欢数学，首先取决于他学习数学的时候经历过什么。他被灌输了各种解答技巧？或者，他能自由发挥自己的创意，而且还得到了大人的认可？

别急，现在不需要你在黑板上对 x^3+5x^2-4 进行求差分计算。本章会从一个非常简单的问题开始：一艘船上有 26 只绵羊和 10 只山羊，请问船长年纪有多大?

1980 年，法国数学教育研究所（IREM）的教育学家对来自格勒诺布尔的一批小学生提出了以上问题。在参与问答的 97 名学生中，有 76 名学生真的计算得出了一个答案，人数占比超过 3/4。你猜猜，这些学生认为船长几岁？答案是 36 岁。

其实很明显，这些学生很可能用 26+10 就得到答案 36。当然，这个答案完全是胡扯。虽然绵羊和山羊的数量与船长的年龄风马牛不相及，但他们还是把羊的数量相加得出船长的年纪。

这份调查，在教师群体中引起了很多不满。“他们不能这么做”，“他们这是滥用权力”，“真可耻，居然给孩子出这样的问题”——当法国数学教育家斯黛拉·巴鲁克（Stella Baruk）将这项研究展示给教师们时，她肯定听到过同样的批评。

> 数学无关数字，而关于生活。
>
> ——基思·戴夫林，英国数学家

不过，学生们是怎么想到把绵羊和山羊的数量相加从而得出船长年纪的呢？科学家们在过去30年里从不同角度研究了这个“船长问题”——直到今天，许多学生也会犯同样的错误。无论如何，这项研究表明，这样扯淡的题目不是毫无意义的，而且，一部分孩子在解题时还产生了有趣的区别。

格勒诺布尔的三年级学生们被依次问了下面两道题，还被要求写下自己对这两道题的看法。

- 一艘船上有36只绵羊，其中10只掉进水中。请问这艘船的船长年纪多大？
- 班级教室里摆放着7排桌子，每排4张。请问这个班的女老师年纪多大？

大多数孩子也“计算”出了这两个问题中的年

纪。答案大多数是26岁和28岁。有趣的是，有1/3的学生的表现乍看非常矛盾。这些孩子解释说，他们无法回答第一个问题，或者至少他们不知道该如何回答。但与此相反的是，他们给出了第二个问题的答案，尽管第二个问题和第一个问题一样无法解答。以下是孩子们的一些答案精选（选自巴鲁克：《船长年纪有多大？》）：

	绵羊 / 船长	排 / 桌子 / 女教师
安妮	该从哪里知道船长的年纪呢？我完全不知道。	7 × 4 = 28，女教师的年纪是28岁。
娜塔莉	我不理解，刚开始说的是羊，怎么后面变成了船长？我觉得这道题很搞笑。	我认为，女教师是28岁，因为我是这么计算的：4 × 7 = 28。我觉得这道题挺简单的。
皮特	为什么谈论的是羊，然后又问船长的年纪多大？我认为这个问题很无厘头。	我觉得这个女教师28岁了，因为4 × 7 = 28。我觉得这个问题没有第一个问题那么烦人。

巴鲁克认为，孩子们的表现没什么矛盾。她解释说，在学生看来，班级、桌子和女老师来自同一个经验世界，它们是一体的，所以他们会毫不犹豫地去

计算。而在船长和羊的这道题里，至少对一部分孩子来说，没有这样的内容上的关联，所以他们算不出来。

不管三七二十一就开始算

还有更有趣的例子：20 世纪 90 年代中期，德国多特蒙德工业大学的科学家在测试一批小学生时观察到：哪怕根本不需要计算，人们也会开始计算。

一个 27 岁的牧羊人有 25 只绵羊和 10 只山羊。请问牧羊人的年纪多大？

尽管题目里已经告诉你答案是 27 岁，但孩子们还是不管三七二十一就开始计算。27+25+10，27+25-10，这些计算方法体现了孩子们丰富的想象力。之后，研究人员要求孩子们再解释一下他们的答案。许多孩子都相信他们自己做对了，如以下对话记录所示：

塞巴斯蒂安：我知道。一个27岁的牧羊人，还得再加上25。还有10只山羊，它们没有跑！

问题：它们没有跑？

塞巴斯蒂安：没有跑，我没有写！

问题：那你要怎么计算？

塞巴斯蒂安：27 + 25 + 10。

问题：因为山羊没有跑？

塞巴斯蒂安：对。

问丹尼斯：你是怎么想的？

丹尼斯：它们跑了！牧羊人没注意！

（摘自斯皮格尔和赛尔特：《儿童与数学》）

这两个小男孩富有想象力的解释真是打动人心，但这种触动更应该说是惊叹。山羊和绵羊的数量加在一起，得出牧羊人的年纪——孩子们在数学课上是这么学的吗？

可悲的答案是：是的。亨德里克·拉达茨（Hendrik Radatz）在对德国小学生和幼儿园儿童的一项研究中发现了这一点。他向300多个孩子提出了那个荒谬的“船长问题”。结果证明，孩子越大，就越倾向于计算出一个“答案”。幼儿园孩子的计算率仅为 10% 左右，二年级学生的计算率为 30%，而三年级和四年级学生的计算率为 54%，最高达 71%！学生们上过的数学课越多，他们就越快开始进行计算，然而他们并没有先思考，而是盲目地开始算。

为什么会这样？教育学家现在知道原因了。在课堂上，孩子们会集中练习大量习题。题目本身几乎无关紧要，并且与实际生活没有什么联系。如果他们总是反复地将数字代入方程，那么他们为什么要仔细读题呢？另外，通常这些习题都是在课堂上刚刚讨论过的数学运算。这些题问的不是意义，而是数字。于是，学生们很快就在课堂上内化了这一点。

孩子们的表现如预期一样。克里斯托夫·赛尔特（Christoph Selter）和他在多特蒙德的同事们观察到：当孩子们意识到这道题有问题的时候，他们会继续计算，然后责怪出题人。对此，也有一个例子，以下是一对师生间的对话：

老师：你有 10 支铅笔和 20 支水彩笔。那么你多大了？

朱莉娅：30岁！

老师：可是你知道你不到30岁！

朱莉娅：没错，当然。但这不是我的错。因为您给了我错的数字。

（出处同前）

“船长问题”表明德国的数学教育出了问题。给出的思考时间太短，这与教师自己学数学的经验有很大关系。想要避免更多的人带着“数学无能”的称号毕业，就必须对教师培训进行改革。但正如本章结尾所说的，这一点说起来容易，做起来难。

当孩子刚上小学一年级，他们通常还能很好地理解数字、三角形和逻辑。我们在第一章看到，婴儿已具备了基本运算能力，而幼儿园的孩子们一次次地显示出了他们对敏锐逻辑的偏爱，例如，他们把10（zehn）说成einszig（1-10），把12（zwölf）说成zweizehn（2-10），把110（hundertzehn，即100和10）说成elfzig（11-0）。

合乎逻辑但错了

小朋友们尽其所能，从自己已知的数词当中，有逻辑地推导出前面这些数词。他们值得大人表扬，因为他们进行了独立思考，识别出了模式，并将这些模式正确应用到新情形中去。但可惜的是，他们的结果是错的。

几何的乐趣

在吉森数学博物馆，学生们用游戏体验数学（©Mathematikum）

错误的数词肯定不会触发任何数学恐惧症，但是如果孩子们自己的想法与发现被系统性排斥时，他们很快就会失去学习兴趣。当然，这个道理不仅适用于数学。

奥斯纳布吕克大学的数学教育学教授英格·施万克（Inge Schwank）曾发表过一个关于三年级的案例。小学生们在学习书写计算时，有个孩子写道：888+222=101 010。

“当然，这答案错得离谱，”施万克说，“但这个答案背后却是正确的数学思维。”这个学生分别将个位、十位、百位上的数字相加，再把结果依次写下来。“你得花点儿时间才能看懂他的计算过程。”

哈特穆特·斯皮格尔（Hartmut Spiegel）和克里斯托夫·赛尔特还描述过另外一个例子。在四年级学生课堂作业中，必须解答下题：

药剂师把 1 750 克甘草片装进小袋子里，每袋有 50 克。他一共能装多少袋？

安妮卡是这样解答的：

1 750 克：50 克　　$2\times7=14$

$1\times1=1$

$2\times10=20$

35

答：能装 35 袋。

答案是正确的，但老师却被安妮卡的解答方法惊到了：这孩子算的都是些什么？因为，不仅答案正确可以得分，计算方法及过程也能得分，女老师就向两位同事请教了这种解法。他们也认为这解法毫无意义，安妮卡可能只是碰巧写对了答案。

第二天，老师让安妮卡在黑板上再次计算了这道题——她用了同样的方法，并得出了正确的答案。然后，老师问道，有没有同学能解释这个计算过程。有一个学生举起手，解释了如下计算：两个 50 克的袋子可以装满 100 克，700 克则有 2×7=14 袋；750 克当中还剩下的 50 克，就是 1×1=1 袋；最后的 1 000 克，就有 2×10=20 袋。这三个数字 14+1+20 的总和即为 35 袋。

安妮卡很幸运地答对了。斯皮格尔认为，这个女孩的例子告诉我们：别忽视那些不常见的计算方法，因为非常重要。他说："小学生的思考往往比我们成年人表面的见解更理智、更有条理、更聪明。"

被误解的天才

当孩子们给出错误或者令人费解的答案时，斯皮格尔建议家长和老师们仔细检查、认真倾听。仔细观察答案，孩子们的思路是完全正确的，只是与大人的方法不同罢了。"儿童有时就是如此聪明，以至于我们成年人很难一下子接受这种思维方式的真实性和创造性。"斯皮格尔说。

二年级学生"斯文"就是个经典例子。他的最大爱好是足球，密切关注报纸对某些球员的评分。有一天，斯文把他最喜欢的一支球队全员的评分都加起来。这时，他发现了一种颇以为傲的窍门。为了将这12个数字"9、12、10、11、8、10、9、8、12、11、10、12"相加，他逐一清点这些数字，然后说道："119、121、121、122、120、120、119、117、119、

120、120、122。” 122 就是正确答案。但是，斯文是怎么计算的呢？

这个聪明的二年级学生使用了一个窍门：这 12 个数都接近 10。所以，斯文首先计算 12×10=120，然后再加上这 12 个数中的每个数与 10 的差。第一个数 9 与 10 的差就是 9-10=-1，就得到 120-1=119。第二个数字 12，就有 12-10=2，那么 119+2=121，以此类推。斯文就这样迅速地进行了加法计算，同时避免了计算越来越大的数字。

伟大的数学家卡尔·弗里德里希·高斯（Carl Friedrich Gauß, 1777—1855）小时候和斯文同学很像。他 7 岁时就跟大孩子在同一个班学习。他的老师比特纳出了一道题：将从 1 到 100 的所有数字相加求和。高斯一眨眼就得出了答案 5 050，而比他年纪更大的那些同学，还在被长长的数列折磨着。

小高斯的解答方法与斯文的计算窍门有一定相似之处。高斯将这 100 个数字进行成对排列。他写下：

1+100、2+99、3+98、4+97、……、50+51

这样就得出了答案：每对数字的和为 101，并且，因为正好有 50 对这样的数字，所以所求总和就是 50×101=5 050。小高斯的老师比特纳意识到了他的才能，就设法帮高斯拿到了宫廷资助，让他能够继续深造。

不过，许多小学老师根本不相信自己的学生会使用像斯文或小高斯那样简便的算术方法。2004 年，数学早教专家奥利弗·蒂尔（Oliver Thiel）向来自勃兰登堡、柏林和北莱茵 - 威斯特法伦州的 40 个一年级老师询问，结果只有不到 40% 的老师认为孩子们可以找到自己的解答方法，26% 的老师认为学生不具备这种能力。200 多年前，高斯很幸运能碰到好老师比特纳，而不幸的是，在今天，他得有天大的运气才能被当成天才。

不要怕算错

聪明的计算方法也可能会出问题，特别是当孩子用了这个方法却算错的时候。虽然他们想出了自己的解答技巧，这必须是一项重大成就，但是，如果他们犯一个小小的错，就会导致答案错误。这时候大人马上就会说，“你不能这么算”，甚至会说孩子在数学上有障碍。最后，连孩子自己也信了，久而久之，就对数学彻底失去了兴趣。

数学的准确性没有让事情变得更简单。孩子们很快就学会了一点：只能有标准答案和错误答案——没有第三种选择。孩子们会把算错当成失败甚至耻辱，这样的危害很大。

我们都应该清楚：只要是人，都会犯错，尤其是在计算的时候。因此，一些教育学家如英格·施万克提出，要积极面对错误。错误既不令人讨厌，也不令人难堪，而是“能引起讨论的受欢迎的机会”。她说得一点儿也没错。

不停地责备孩子犯错误的老师和父母，并不能帮到孩子，而是会起反作用。谁想一遍遍地反复听到自己全错了呢？更好的选择是，去赞扬他做得不错的地方。毕竟，在错误的答案背后，仍有许多正确的思考。我从自己的经验中得知，积极的反馈会促使孩子保持很大的学习动力，在下一道题会做得更好。

数学课堂教育还有一个更大的问题：许多老师喜

欢规定孩子采用某种特点的解答方法。事实证明，孩子们自己有五花八门的想法，这不仅体现在他们上语文课讲故事时，也体现在数学课堂上。

斯皮格尔和赛尔特讲过一个一年级的案例：当加法计算结果大于 10 时该如何计算。一个老师告诉学生，他们应该先把现有的数加到 10，再给 10 加上剩下的数。也就是在计算 7+6 时，先算 7+3=10，再算 10+3=13。这位老师想让蒂姆同学计算这道题：

老师：9 + 4 等于几?

蒂姆：13。如果把 9 换成 10，答案就是 14。因为 5 + 5 等于 10，再加 4 就是 14；但这里是 5 + 4，所以 14 － 1 = 13。

你知道蒂姆是怎么想的吗？反正老师肯定没明白。

老师：谁能再向蒂姆解释一下问题?

希娜：你必须先算 9 + 1 = 10，再加上 3，就得到了 13！

老师：明白了吗，蒂姆？

蒂姆点了点头，但似乎并不明白。

蒂姆可能根本没理解老师的方法，他可能只想赶紧坐下。但故事还没完，几分钟后，老师便对着全班宣布："蒂姆有很大的数学障碍！我想他没认真听课。"

胡说八道，老师才应该认真听。细想一下，他就能知道蒂姆巧妙处理了数字。他不想麻烦地先算9+1，再算10+3，而是先计算10+4，再从结果中减去1。这是很巧妙的解法，但蒂姆不再会用它了。真可惜！

如果孩子们在学习数学这门学科时，总是反复练习由老师所规定的解答方法，而没有真正理解这些方法，那么自然不会有任何乐趣。数学之美更多地在于创新和尝试，学生们却没有学到这些。

这与我本人上学时的经历非常相似。那会儿我放学后，每天下午都要做各种谜题，当成数学奥林匹克竞赛的训练。也就是在那时，我偶然发现数学的娱乐性和创造性。在做题过程中，我多次发现，往往有好几种，甚至有很多颠覆性的解题方法，都能得到正确答案。

条条大路通罗马

不过，许多老师认为，在课堂上只讨论一种解答方法，而且也有正当理由。他们说，后进一点儿的学生，想理解一种解答方法已经困难了，再多的方法对他们来说要求太高。不过，有一点是肯定的：只规定一种解答方法，会让老师轻松一些，但这样就没法拓展学生的数学思维。

“数学的意思是讨论和争辩，”教育学家施万克认为数学不是选出标准答案，“数学方法才是学习的目的。”

很多学生在数学上的困难也跟自卑有关。谁要是总听到别人说他数学不好，他就更难产生信心了。这导致了一种恶性循环：孩子们觉得自己会犯错，然后对数学的恐惧就会增加，这样就又经常犯错。等他们成年后又会抱怨：“我的数学从小一直都很差。”可惜，他们并不知道这并非事实。他们被麻木无知的老师和被数学伤害过的父母们说服，认为他们自己没有数学能力。

无论如何，还是希望这种情况将来能有所改善，尤其在教师培训与进修方面。众所周知，在德国，教育是各联邦州自己的事情。谁要是想改变德国教育，就必须与16个州的教育部门达成共识，这很难，可以说几乎不可能。

为了使改善数学课堂教育这一课题不被各个州阻拦，在2011年夏天，德国电信基金会决定，在没有国家拨款的条件下，独自建立一个国家教师培训中心。他们的口号是：改善数学教师的培训和进修条件。

实现良好的数学课堂教育，这个项目需要耐心，想立竿见影是不可能的。但是，如果教师培训中心能达到预期效果，就会有越来越多的学生体验到有趣的数学。但愿这些学生中的一部分会想要当老师，这样一来，德国的下一代就不用再怕正弦函数和微积分了。

习题

习题 16 *

已知欧元硬币的面值有 1 分、2 分、5 分、10 分、20 分和 50 分。如果想让你手头的硬币能搭配出从 1 分到 99 分的任何金额，请问：你至少需要多少枚硬币？

习题 17 **

桌子上有 9 个球，其中一个球比其他球都重一些。你有一台带电子显示屏的秤。如果你只可以使用 4 次秤，你将如何找出那个较重的球？

习题 18 **

数学考试时有道题要把三个自然数相加，这三个数都大于 0。考完试，两个学生互相交流。一个孩子说：“我弄错了，我没有把它们相加，而是相乘了！”另一个说：“没关系，碰巧这两个答案一样。”请问：孩子们计算的是哪三个数？

习题 19 ***

请找出满足方程组

$$\begin{cases} x^2 + 4y = 21 \\ y^2 + 4x = 21 \end{cases}$$

的所有实数对（x、y）。

习题 20 ***

继承酒庄

一个父亲想要将 7 个满的、7 个半满的和 7 个空的酒桶留给三个孩子。每个孩子都要得到相同数量的酒桶和相同量的葡萄酒，并且，不允许他们互相灌注酒桶里的酒。请问：父亲应该如何分配酒桶？

五、数学究竟是什么

许多人将数学误认为算术，但乘法表之类的只是数学的冰山一角。数学最重要的是创造性思维，因此有些人把数学归为像绘画和音乐那样的艺术。

当我告诉我的同事们，我小时候在放学后会自愿做许多数学题时，他们都会惊讶地看着我。同事们的反应总是让我觉得很逗。他们难以置信，满脸疑惑地问道："真的吗？"这样的事情太常见了，即使是不太熟的朋友，也会让我一次次经历类似的情形。

解释一下：我那时候不是在钻研教科书或者其附带的练习册上的题，而是在做奥林匹克数学竞赛题，当时我经常参加奥林匹克数学竞赛。解答一道第一眼似乎无解的难题，会让我觉得非常兴奋。同时，我常常还会发现非常巧妙的解答方法。

我们在上一章看到，不幸的是，典型的数学课堂教育只规定了一种解答方法。因此，在我的许多同事和熟人记忆中，数学是一门无聊的学科，这并不奇怪。但更糟糕的是，至今许多德国学校数学课所教授的内容与数学没有什么关系。这更像是对数学这门学科的讽刺。

> 这乍听起来很惊人：数学的基础强项是避免所有没用的思考，最大限度地精简思维过程。
>
> ——欧内斯特·马赫，奥地利物理学家、哲学家

来自纽约布鲁克林的数学家和教师保罗·洛克哈特（Paul Lockhart）把他对儿童所经历的数学教育的愤慨写成了一篇文章。这篇文章出版于2009年，共140页，名为《数学家的叹息》（*A Mathematician's Lament*）。

洛克哈特以一个虚构故事来开始他的文章：

一个音乐家做了个可怕的噩梦。他活在一个人人都要学音乐的社会。这听起来还不那么糟糕。不过强制的音乐教育代表孩子们从早到晚都要学乐谱。当局的理念是："在一个声音越来越嘈杂的世界里，我们要让学生更有竞争力。"因此，孩子们拼命记诵乐谱，最后要在开唱或手拿吉他表演之前，完全掌握音乐的语言。（我们知道，鉴赏音乐、独立演奏，甚至作曲，都属于高要求的事情，最早也要在大学才能学。）

由于孩子们觉得乐谱很无聊，家长们要忙着为孩

子请音乐家教。老师们也承认，学生要学习一大堆东西，但他们也说，当学生们上了大学，见到这些厚厚的乐谱时，他们就会感激自己在中学时的努力。

这个故事听起来太诡异了，每个人都会马上说，把学音乐简化成学乐谱，简直匪夷所思。社会绝对不能出现如此荒谬的事情。但愚蠢的是，在数学界，这些恰好就是正在发生的事情。孩子们没有创造性地去寻找自己的解答方法，而是死记硬背只有少数人才能理解的公式。你已经知道了灌输解答方法的后果，孩子们会不假思索地将山羊和绵羊的数量相加，算出年龄大小。他们还会误认为自己 30 岁了，因为他们的书包里有 10 支铅笔和 20 支水彩笔。

数学是艺术还是会计？

孩子们可能很难理解这句话：数学是一门艺术。他们接触到的数学是一门学科，在这门学科中，他们必须用自己不理解的技巧来机械地做题。他们从未感受到好的数学理念的美丽与清晰，就像多数大人也没有感受过。尽管数学应该与音乐、绘画一样，属于艺术之列，但在德国，数学至今仍然不被看成艺术。

这背后隐藏的问题是，人们还对“数学家究竟做些什么”这个问题缺乏了解。数学家绝不是大家所认为的那样，是理性精确的会计师。他们的工作更像是“诗意的梦想家”，数学家保罗·洛克哈特说：“数学是最纯粹的艺术，同时也是最容易被误解的艺术。”

但这不代表只有少数几个人才能有幸成为真正的艺术家。很多人不知道，这更多是与数学的创造性和娱乐性相关。就像一个人在没学过的情况下就会唱歌、绘画或跳舞一样，他也可以这样发挥数学的创造性思维。就像一个人收听广播里美妙的歌曲，他也可以不必强迫自己学几何，就能发现几何的精妙。

我想用几个例子来展示：为什么数学不是许多人以为的那样。我在各种相关书里找到了这些小谜题，例如马丁·加德纳（Martin Gardner）和洛克哈特的书。我选择这些例子，是因为它们都很容易理解，同时也能说明，仔细研究对的问题和好的想法，有多么重要。

角的移动

先从一个关于三角形的游戏开始吧。大家可以怎么摆弄一个三角形呢？我们可以旋转它、翻折它，或让它只靠一个顶点立起来。你也可以像我这样，把它放进一个大小合适的矩形里。

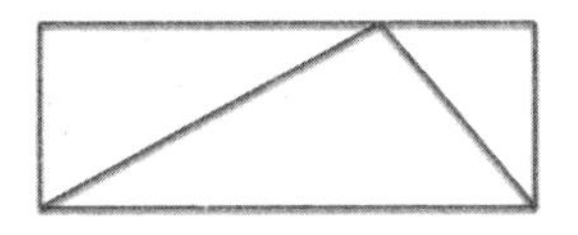

你认为三角形面积占矩形面积的多少？三分之一？一半？还是一多半？请你设想一下，三角形的边是由橡胶制成的，橡胶围绕着三颗钉子，这三颗钉子就形成了三角形的顶点。然后我们将最上面的一个顶点沿着上方的矩形边向左侧移动，会产生什么样的变化？三角形会占更多的面积吗？

如果你还记得三角形的面积公式，你就可以轻轻松松地回答出这道问题。但是这里并不是在讨论你学过的公式，我想跟你说的是真正的数学，它通常始于一个简单、巧妙的想法。

让我们在三角形中画一条额外的线。它垂直于底边，并将其与三角形上方的顶点相连。我们看看发生了什么？

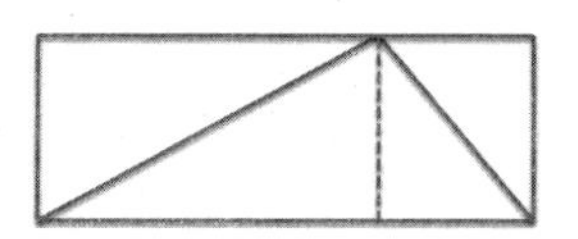

我们最早的三角形被分成了两个较小的三角形。包围着三角形的矩形，也被分成了两个小的矩形。这两个小的矩形又分别被对角线分成了两半。两条对角线就是我们三角形上方的两条边。现在，你也知道三角形所占矩形的面积了——正好一半。因为两条对角线分别将两个小的矩形对半分了。

我们刚才所做的，实际上就是数学。我们提出问题，再依靠一个好的点子，就漂亮地解答了问题。

我们怎样才能想出这样的好点子呢？是凭巧合、直觉、尝试、经验还是凭运气？我们也可以问一个画家同样的问题：为什么要画这一笔？是什么促使你想在这儿画一笔呢？洛克哈特的回答就很清楚：三角形中像这样的一条线和画布上的一笔——两者都是一种艺术。绘画和数学，都是为了创造出更美好的事物。

当然，也不要忘记，在矩形里有三角形的游戏中，我们还推导出了三角形面积公式：

$$g \times \frac{h}{2}$$

g 是三角形底边的长度，h 是高。

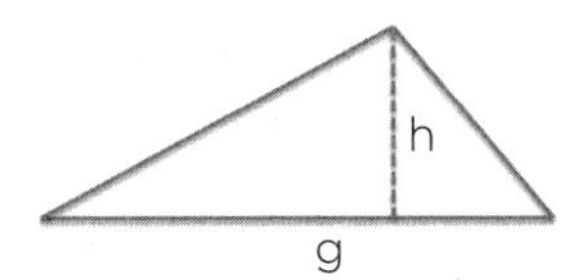

但是，我们的论证还不够周全，因为还存在与上面的三角形不一样的三角形。三角形最上方的顶点，还有可能位于矩形的外部，如下图所示。

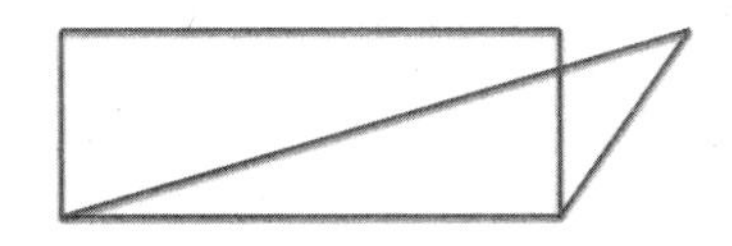

画线的诀窍是否仍然有效呢？原则上是的。但是，我们必须把矩形向右延伸，直到刚好将三角形包围住为止。

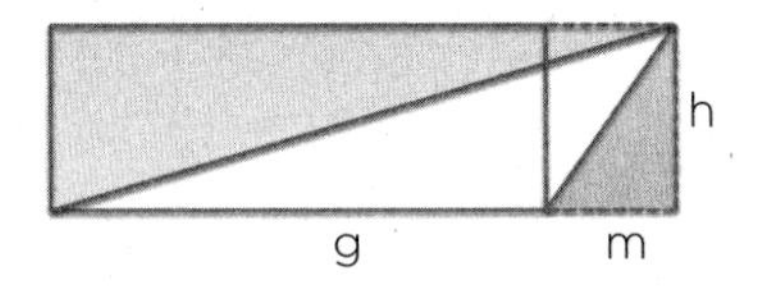

之后，这就跟我们的第一个三角形一样容易了。我们必须从整个矩形的面积（g+m）×h 里减去两个灰

色三角形的面积。左边的灰色三角形的面积，正好是矩形的一半，即（g+m）× h/2。右边的灰色三角形的面积，则是边长为 m 和 h 的矩形的一半。因此，我们得出：

$$(g+m)\times h-(g+m)\times\frac{h}{2}-m\times\frac{h}{2}=g\times\frac{h}{2}$$

对于第二个三角形来说，这个面积公式也是成立的。

下一个例子会更惊艳。同样，这是一个简单、清楚的问题。我们现在有两点和一条直线。两个点位于直线的同一侧，即为右图中的右边。两个点到直线的距离不相同。

这道题就是要找出从一点到直线再到另一点的最短路径。当然，这样的路径有很多，但哪条是最短的呢？

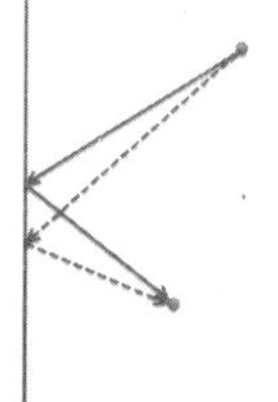

我建议你先不要看答案。开动脑筋想一会儿这个问题吧，好好玩一玩。

在这道题里，也是靠一个很简单的点子就解决了所有困难。也许，你想过用勾股定理来计算路径的长度，这也是我的第一反应，但这样就会产生十分复杂的方程。

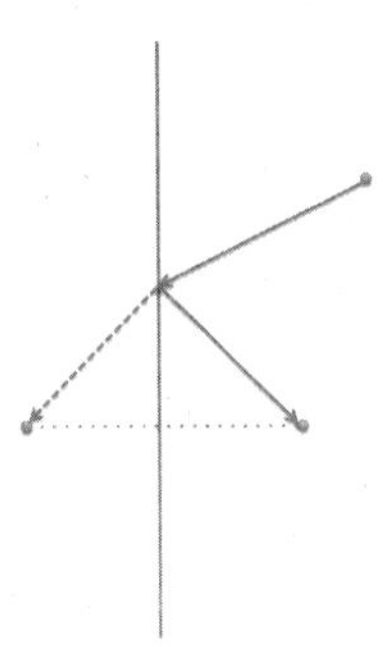

其实还有更简单的，甚至算都不用算。请你画出两点中下面那个点关于这条直线的对称点，然后看看会怎么样。

显然，由于两个点呈轴对称，所以垂直线到右下角点的距离与到左边对称点的距离正好相等。

这时，我们就可以用不同的文字来表述这道题了：请你找出从右上角的点到直线另一侧下面的对称点的最短路径。连接同一平面上两个点的最短路径是什么？当然是一条直线。我们将这些都用笔画下来，就完成了这道题。

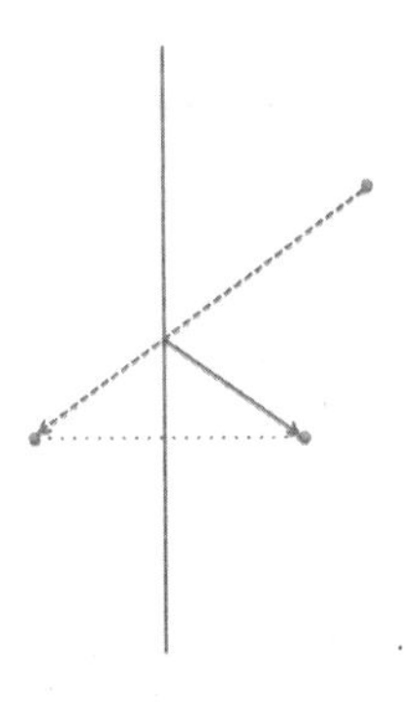

你发现这个解答方法的巧妙和简明的地方了吗？有

趣的不是答案，而是找出答案的方法。这就是一个创造性思维的过程，可惜这样的过程，在学校课堂教育中往往既没有实践，也没有人去理解。与此同时，不断尝试去寻找这样的解答思路，就是数学的基础。自己发现用轴对称的窍门的感觉，简直太棒了！

从平面到空间

上述两个例子，被包围的三角形和直线旁边的两点，都是深入进行数学探索的绝佳起点。而当两点间是一个平面时，点的对称是否也适用于三维空间？

那么在呈曲面的地球表面上又如何呢？一架飞机从北半球起飞，飞向赤道，然后返回北半球的另一个地点。怎样才能使飞行路线最短？

我在推导三角形的面积公式时，还想到了一个问题：我们能不能找到类似的窍门来计算棱锥体的体积？正是这些问题构成了数学的本质。困惑，思索，发现，失败，然后继续提问。

毫无疑问，孩子们一定要学习一些公式化的东西，因为它们会让计算更简单。然而，数学思维，并不一定得与公式和抽象的表达密切相关。当简单的表达方式也能奏效了，我们何必要用复杂的办法折磨自己呢？就像下面这道逻辑题，只能用窍门解答。

找出假硬币

你手上有九枚一欧元的硬币。然而，其中一枚硬币是假币，它比其他的八枚硬币都稍重一点儿。你要通过天平称重，找出那枚假的一欧元硬币。你只能用天平来比较重量，这台常见的天平有两个托盘。请你通过两次称重找出那枚假硬币！

如果你随机拿出一枚硬币，与其他八枚硬币称重比较，你要靠一些运气才能在两次称重中找出你想要的那枚硬币。只有当选择的第一枚硬币，或与之比较的两枚硬币中的一枚碰巧是你要找的那枚的时候，你才会在最多两次的称重后找到它。

单独称重，显然不是什么好主意。那么，我们还

> 一个完美的数学家，必定有几分诗人气质。
>
> ——卡尔·韦施特拉斯，德国数学家

能怎么做呢？我们可以直接将若干枚硬币放在每个天平托盘中。我在读到这道题时的第一个想法就是每边放四枚。如果两边同样重，那么9号硬币就是假的，这样我就完成这道题啦。当一边的托盘比较重时，至少我知道了，要寻找的假硬币就在这四枚硬币当中。但是我只剩下最后一次称重了，这样我就找不出那枚假硬币了。

新的尝试：这次我们在每个天平托盘上只放三枚硬币。如果硬币1—3和硬币4—6的重量相同，则假硬币就在7—9当中。相反，如果天平向一侧倾斜，例如向硬币1—3倾斜，那么其中就有那枚最重的硬币。因此，仅通过一次称重，我就分辨出来了假硬币在九枚硬币的哪三枚当中。

在第二次称重时，原则上我仍然这样操作。我取出这三枚硬币中的两枚硬币并将它们进行称重比较。如果其中一枚硬币更重，那么，它就是那枚假硬币。如果天平保持平衡，则没有放在天平托盘上称重的第三枚硬币才是最重的那一枚假硬币。

这真的很容易，但你首先必须想到这个解法！我不知道你们会怎么样，但是当我懂得了一个窍门或者甚至自己找到了一个窍门时，我就会非常开心。你肯定也已经发现，解答谜题的关键在于另辟蹊径与奇思妙想。关于这点，在接下来的两章中会有更多内容。

移动小圆片

下面的小圆片游戏展示了如何使用最简单的方法进行特别复杂的数学运算。如果你想了解偶数和奇数之间的区别，你只需要几枚硬币或者一套幼儿园孩子用的算术小圆片。你可以将小圆片排成对齐的两行表示偶数。但这时奇数就无法两行对齐了，总有一行会多出来一片。

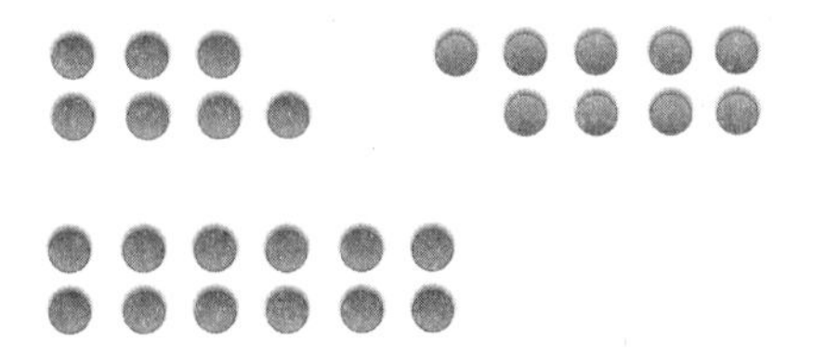

显而易见，两个奇数加在一起就完美地变成了偶数。让我们继续：如果我们尝试将小圆片摆成三行，会怎么样呢？它能呈现数字的奇偶性吗？可以表明数字能否被 3 整除吗？我在这里不会回答，请你自己找答案。

我们能用这些小圆片来解答高斯的老师提出的问题：将从 1 到 100 的所有数字相加求和。为了让这题更简单，我们先计算从 1 到 10 的数字的和。我们用小圆片来表示数字，问题就如下图所示。

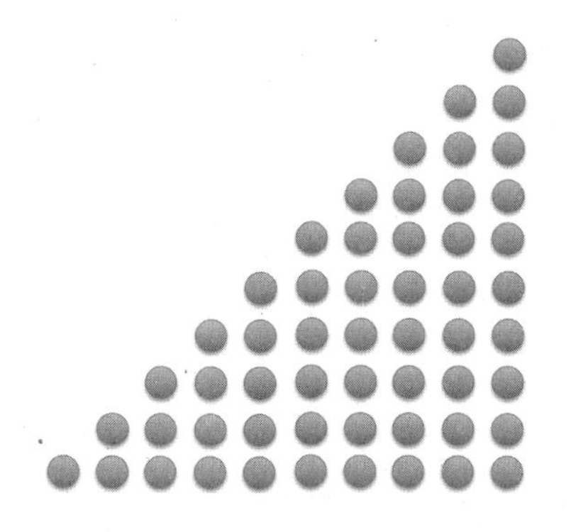

现在，问题就变成：桌子上有多少个小圆片？小高斯的技巧在这里也很有效。我们先用一条线将左边的 5 列与右边的 5 列分开，如下图所示。

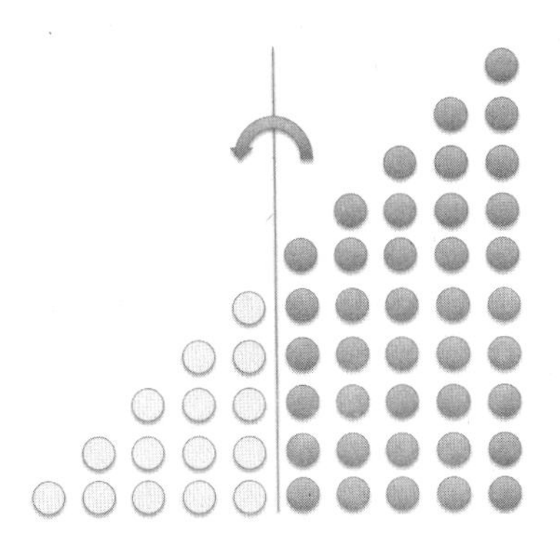

然后，我们再将右边的所有小圆片向右移，并将它们整体旋转 180° 到左边。被翻转的小圆片，现在精确地对上了左边的 5 列小圆片。

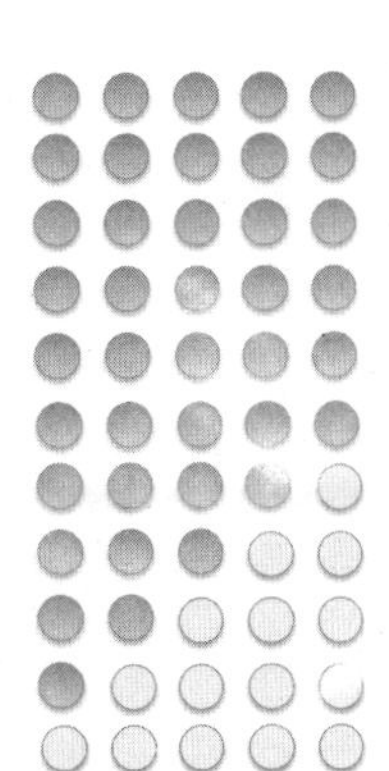

最后，就产生了一个由 5×11=55 个小圆片组成的矩形，如此一来，问题就有答案了。看到了吧，将问题可视化是多么有用！我们立刻就可以看出，这两部分完美结合在一起了，就像两个奇数加起来得到一个偶数一样完美地结合。

我们现在可以把小圆片的解答从 1 到 10 扩展到从 1 到 100，这样就能解答高斯的问题了。这时，我们就不在第 5 列和第 6 列之间画分界线了，而是将分界线画在第50列和第51列之间。当我们又把右半边向左旋转180°时，就会得到一个由 $50\times101=5\,050$ 个小圆片组成的矩形。

我不知道小高斯是不是也用这样的想法来解题，也许，他像我们刚刚那样，也将这道题几何化了。也许他纯粹只是加工了数字。无论如何，我都觉得几何解答法特别美妙，因为不需要任何多余的解释。

完美的裁剪

本章的最后一个谜题也需要有绝妙的点子来解答。假设你想把一张正方形的纸裁剪成为9个相同的小正方形，即从左到右、从上到下各平均分成3份。于是正好用了4次裁剪就完成了任务，请见下图。

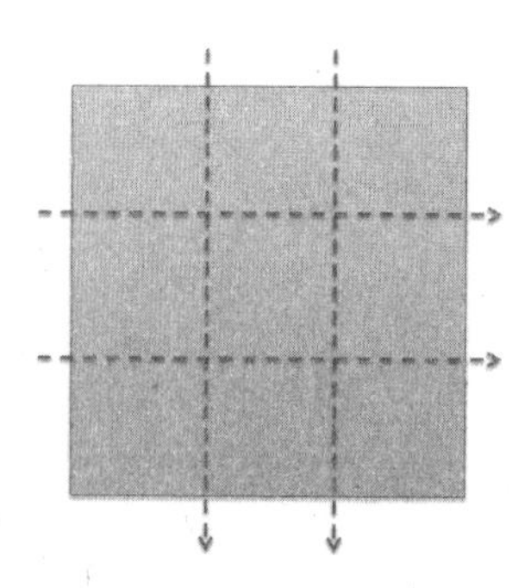

现在的问题是：用少于 4 次的直线剪裁是否也可以完成任务？纸张不允许被折叠和弯曲，但你可以将已裁剪好的纸一张张地叠起来，一次裁剪，但不能折叠和弯曲纸张。在你往下阅读之前，我也建议你先自己想想看。

这个解答的奥妙在于你不需要画任何草图，或进行复杂的论证。单单一个技巧就够了：请你观察大正方形正中间的那个小正方形。它有 4 条边，每条边都要被裁剪一次，因此至少需要 4 次裁剪，才能将整个大正方形从左到右、从上到下各平均分成 3 份。

我倒是想得美，数学如果永远这么简单就好了！

这道题还有一个三维版本。你要将一块木制正方体锯成 27 个相同的小正方体。那么此题也是需要被各平分成 3 份，即需要 6 次切割。但是，我们有可能用少于 6 次的切割来分解这块正方体。在这儿，各个小正方体允许被叠在一起锯。你知道怎么做了吗？

最后这道例题所展示的数学，和你们在课堂上学的数学大不相同。去苦思冥想，去尝试，然后创造性思考——这对很多人来说很有趣。是的，当我们破解了一道难题之后，会有非常棒的感觉。

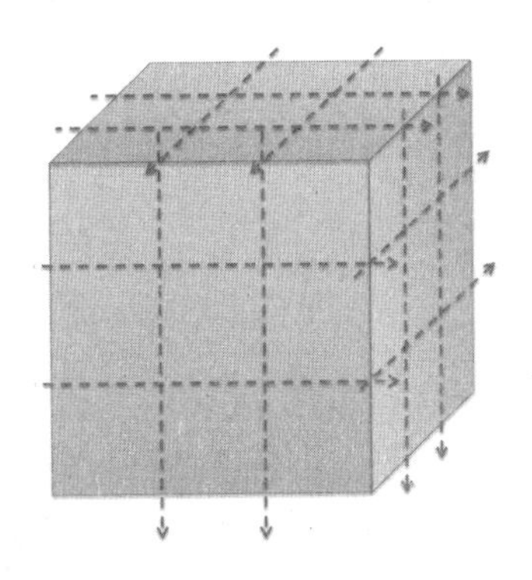

你发现了吗？这些谜题几乎没有更深层的意义，也没有实际应用的可能。那它们为什么还会存在呢？因为能给人带来乐趣啊！

在位于德国吉森的数学博物馆里也能发现这一点。这是一座由阿尔贝希特·波依特许巴赫（Albrecht Beutelspacher）创立的互动式博物馆。博物馆里到处都是拼图游戏、谜题和各种实验。来这里的孩子们，大多数都是一个班一个班地来，而且都沉迷其中。许多任务都很有挑战性，但这更会激发他们的

> 小幽默
>
> 工程师认为，自己的方程与现实很符合。物理学家认为，现实与自己的方程很符合。数学家根本不在乎接不接近。

兴趣——有的孩子会不停地搭积木，哪怕已经搭了十几分钟，也要一直搭成想要的样子。

“当孩子们完成的时候，他们的快乐无与伦比，”波依特许巴赫说，“像这样的成功体验也会强化他们的个性。”这位数学教授还注意到，在数学博物馆里，不仅仅有个别的数学迷，而且还有一个班级或一个幼儿园的所有孩子都参与其中。即使是不喜欢数学的人也无法抗拒迷人的谜题。吉森数学博物馆每年有 15 万人次观众，对于它所取得的巨大成功，还有它里面数独之类的谜题的成功，波依特许巴赫有一个很简单的解释：“因为这一切都让人觉得自己不在学校里。”

我希望，在数学课上孩子们会经常尝试解答谜题，就像我在本书中介绍过的这些，还有数学博物馆里的谜题一样。这样他们就有可能会开始讨论，在什么地方碰到了什么问题，可以如何着手解答。

总的来说，数学就像生活一样令人期待不已——我们都在寻找一条不太确定的道路，而且路上处处有惊喜。

习题

习题 21 **

保罗发现了以下这个方法，可以计算两位数的平方。

67^2

42

3 649

42

4 489

请你解释这个方法，并以相同方式计算 59^2、82^2 和 19^2。为什么这个计算方法是有效的？

习题 22 **

一个男人想在一个圆形的湖中游泳。他从岸边跳下水，向东游了 30 米到达另一岸边，然后转向南方继续游。游过 40 米之后，他再次到达岸边。请问：湖的直径是多少？

习题 23 ***

请你找出所有三位的质数，这些质数的第一个数字比中间数字大 1，最后一个数字比中间数字大 2。

习题 24 ***

巧克力工厂出了点儿问题。在三个托盘当中，有一个托盘里的所有巧克力的重量都不是 100 克，而是 102 克。但没有人知道是这三个托盘中的哪个发生了事故。你手上有一台精密的电子秤，但只能用一次。请问：你怎么找出那堆较重的巧克力？

习题 25 ****

卡萨诺瓦有两个朋友，他无法决定他更想去找哪一个，就让命运来决定。

卡萨诺瓦始终只去同一个地铁站，此站不是终点站，而且只有一条地铁线。因为这两个朋友分别住在地铁线上相反的两个终点站附近，他就直接乘坐先到的那辆地铁。两个方向的地铁都是每 10 分钟一趟。不过过了两个月，他发现自己去了其中一个朋友那里 24 次，而另一个只有 6 次。怎么会这样呢？

六、数学：追求真和美的学问

什么是美，什么是丑？这些是艺术家、哲学家和设计师喜欢辩论的问题，但是对数学家来说，几乎没有争论的兴趣。他们通过简便和清晰的特性，一眼就能辨识出美的数学理念。

当有人两眼放光地跟你讲一件事情时，那一定是对他很特别的东西——一件很棒的礼物，一个巨大的惊喜，或一种非凡的体验。20 年前，我作为一个物理系学生上大课时，看到了教授眼中的光芒，这位数学家正兴奋地讲述“刺猬定理”的证明过程。

刺猬定理不难理解：当一只刺猬蜷缩成一个球时，在它竖着的所有刺当中，至少有一处秃着的地方。在这个地方，紧密排列的刺指向不同的方向，就正像我们头上的发旋一样。因此，在英语中，刺猬定理也被称为“毛球定理”。将这个定理翻译成白话就是：无论你如何梳理毛发，在一个沾满毛发的圆球上总是至少有一个旋儿。

我的数学教授用了 90 分钟和几块写满的黑板来证明刺猬定理。这绝不是一个简单的证明，但尽管如此，他还是很高兴地为我们学生指明道路，因为这毕竟也是对一个定理相当漂亮的证明。

那么在数学领域，究竟什么是漂亮？我喜欢把这门学科与足球做比较。球员们都必须掌握某些基本技术，并了解比赛规则。谁要是想把球踢进球门，就不应该仅仅掌握一种射门技术。球员们常用的是正脚背射门或脚内侧射门，但在某些情况下，技术上更具挑战性的倒勾射门也不错。

数学也是一样的。乘法表属于基础知识，质数和三角形也是基础知识。知道二项式公式和勾股定理的人会有更大的可能性解答出问题。当然，在某些情况下还需要会求微分和积分，就像倒勾射门似的更具挑战性。

可能现在你已经明白了，草坪上漂亮的传球动作和优美的数学都是如何出现的。通过将已知和熟悉的知识储备中的各种技术，创造性地重新结合起来——最好以出人意料的方式。在足球方面，以这种方式组建的球队可以快速突破经验丰富的防守；在数学方面，也许会想出一道至今无法解答的问题的绝妙解法。甚至有时候，足球运动员和数学家都会发现一个以前没有人知道的新技巧。

数学就像踢足球

我们都知道，练得越多，好处越多。职业人员会比业余足球运动员、业余数学爱好者掌握更多的专业技术，他在踢球或论证时就会更有把握。但我们不是非要跟巴萨俱乐部签了合同才能享受足球的乐趣。哪怕是在丙级联赛，球员们也会因一个进球或一记精妙传球而激动不已。同样的道理，人人都能享受数学的乐趣。

然而，当一谈到对美的判断时，足球和数学就没有什么共同点了。球迷们对谁踢球踢得最漂亮，很少会达成一致。当然，多数人都会说：当然是我支持的球队。但即使是内心没有支持某支球队的业内专家，对于一场漂亮比赛的看法也各有不同。第一个专家喜欢快速、直接的比赛。第二个专家喜欢彩虹式过人技巧和巴西花式足球。第三个专家偏爱无穷无尽的传球，在过去几十年里，西班牙队用这种传球快把对手逼疯了。

美是什么？这个问题，不仅足球迷们在争论，哲学家、艺术家、艺术科学家和心理学家也在争论，都争了好几千年了。但在数学领域，问题却有所不同。当一个数学家说“这是一则特别漂亮的证明”时，几乎不会有同行反驳。这不是很奇怪吗？

很明显，数学家们对什么是美，有着共识。然而，我们要寻求美的明确标准是徒劳的。有些人喜爱极其简单，有些人则追求清晰明了或短小精悍。对柏林的数学家马丁·艾格纳（Martin Aigner）来说，美就是由透明性、一致性和简便性组成的三重和弦，是它们使数学证明变得漂亮。跟外行相比，艾格纳对透明、简便的证明的概念肯定会略有不同，但总的来说，你基本无法反驳他。

证明就是展示某一陈述的正确性。冗长而复杂的证明并不少见。我想通过一个简单的比喻来说明，我心目中一个漂亮优雅的证明是什么样的。请想象一下，你站在一座山上，你要把你旁边的一块巨石滚下山去。问题是：你的力量根本不足以搬动这块巨石。不管你如何推动和摇晃，这块巨石几乎没有移动过一毫米。

你沮丧地围绕着这块巨石走来走去，突然在它背面看到，有一块小石头被卡在它下面，就是这东西使得巨石无法滚动。而这块小石头就是解决问题的关键！你不再试图用自身的力量把巨石滚动起来，而是将巨石摇动一点点，同时快速地抽出小石头。之后，巨石自己就滚动起来。你不要让巨大的岩石滚过一个小的障碍物，而是要直接把小的障碍物拿走。这个方法很聪明，因为它节省了很多力气。对于我来说，一个漂亮的证明就是同理。看似困难或无法解决的问题，突然就变得容易了。

英国数论学家戈弗雷·哈罗德·哈代（Godfrey Harold Hardy，1877—1947）甚至宣称，数学普遍都是美的。在他看来，不美的事物根本不能持久："世上没有一个永久的地方容纳丑陋的数学。"

那么哈代所说的"丑陋的数学"，到底是什么意思？我认为，我们所有人的定义都一样：关联不清楚、论证缺失条理和阐释冗繁的数学。

相信数学之美

有一位伟大的数学家，对美丽的证明特别感兴趣，他就是匈牙利人保罗·厄多斯（Paul Erdős，

1913—1996)。他说过，有些证明特别美妙，但也有小小的瑕疵，而最遗憾的是，这些证明就错了。

像哈代一样，厄多斯坚信世界上一定有既正确又美丽的证明。他甚至还提到要编写一本书，书里的“上帝”收集了所有最完美的证明。“你没必要相信上帝，”他认为，“但作为数学家，要相信一定有这本书。”

厄多斯在写完这本书之前去世了。君特·齐格勒（Günter Ziegler）和马丁·艾格纳在2002年将这位匈牙利数学家的想法变成现实。他们把作品命名为《证明之书》(*Das Buch der Beweise*)。可惜这里面收集的大部分证明对非专业读者来说都太难了，大部分都要求读者具备大学数学基础。但是在本章，我想向你们介绍这本书里的一个证明，也是一则经典证明：

定理：有无限多个质数。

什么样的证明才是最佳的呢？也许我可以尝试，挨个数清楚所有的质数。但在证明过程中，我可能会发现这事没有尽头。这得花多长的时间啊？如果确实有无限多个质数，时间就会无限延长。这样就证明不出来，这点我们都很清楚，那接下来该怎么办？

> 谁懂得几何学，谁就能理解这世界上的一切。
>
> ——伽利略

不要直接解决问题，而是间接证明——从后面迂回过来。我们用间接证明来证明论点，也就是反驳论点的对立面。由于数学的逻辑一致性，间接证明是完全可行的。一个论点要么正确，要么错误。两个互相矛盾的论点不可能同时为真。

我们回到质数问题。我们不要试图直接解答问题，因为这样我们会面临无穷多数量的困境。相反，我们假设这个论点是错误的，也就是假设只存在有限多个质数。然后我们再看看，这个假设是否真的正确。

如果只存在有限多个质数，数学家们则喜欢说成：存在 n 个质数。n 有多大，并不重要。我们将这 n 个质数设为 p_1、p_2、p_3、……、p_n。

我们把这些质数相乘：

$$p_1 \times p_2 \times p_3 \times \cdots\cdots \times p_n$$

就会得到一个有趣的自然数：它可以被 n 个质数 p_1、p_2、p_3、……、p_n 里的任意一个质数整除，因为这个数是所有这些质数的乘积。例如，$2 \times 3 \times 5 = 30$ 当然可以被 2、3 和 5 整除。

现在就是这个间接证明的真正窍门：我们在 n 个质数的乘积之上再加 1：

$$p_1 \times p_2 \times p_3 \times \cdots\cdots \times p_n + 1$$

所得之数同样也是一个自然数，但是它不能被这 n 个质数里的任何一个质数整除，确切地说，在做除法之时总是会余 1。我们再回到例子 2、3、5：$2 \times 3 \times 5+1=31$。得到的数 31 既不能被 2 和 3 整除，也不能被 5 整除。

从上述思考中，会得出什么结论呢？由于 $p_1 \times p_2 \times p_3 \times \cdots\cdots \times p_n+1$ 不能被这 n 个质数里面的任何一个质数整除，所以这个数本身就一定是一个质数，它不包含在 p_1、p_2、p_3、……、p_n 里面；或者它是多个质数的乘积，但这多个质数不属于前面给出的 n 个质数。

这就与我们假设的只存在 n 个质数互相矛盾了。也就是说，只存在有限多个质数的假设是错误的。我们刚刚展示了如何将 n 个质数组合为一个新的质数。这也说明，确实存在无限多个质数。这样一来，我们就成功证明了这个定理。

这个证明简短得出乎意料。这个证明美妙的地方是，你不必纠结无限多个质数，反正都是不可能的。相反，我们只需要用两行数：

$$p_1 \times p_2 \times p_3 \times \cdots\cdots \times p_n$$

和

$$p_1 \times p_2 \times p_3 \times \cdots\cdots \times p_n + 1$$

就能证明存在无限多个质数。这太美妙了！

毕达哥拉斯定理

下一个很美的证明来自几何学——毕达哥拉斯定理（即勾股定理）。你肯定在中学就已经学过了。在一个直角三角形中，有：

$$a^2 + b^2 = c^2$$

在这个等式里，a 和 b 是形成直角的两条直角边，c 就是斜边。

不过，数学家毕达哥拉斯到底是自己发现并证明了这个著名的 $a^2+b^2=c^2$，还是从其他地方学来的，至今没有定论。因为古巴比伦人比他更早就知道这个方程并开始运用了。

无论如何，存在多种多样关于这个经典公式的证明。我想在这里介绍一个我特别喜欢的证明，它仅仅只是基于正方形和三角形的面积公式。

我取 4 个相同的直角三角形，并将它们摆放成一个正方形，如下页图所示。4 条斜边 c 组成了这个正方形的 4 条边。我们把两条直角边中较长的一条设为 b，较短的一条设为 a。

问题来了：这 4 个三角形实际上是否如图所示完美无缝地结合在一起？为了验证这一点，我们需要计算两个角∠ 1 和∠ 2 的总角度数，当它们加起来正好

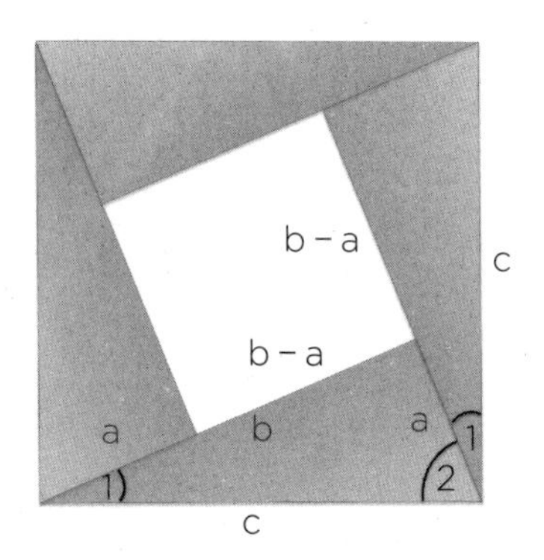

是 90° 时，才能形成正方形的一个角。

与所有三角形一样，在我们的直角三角形中，内角和也为 180° 。所以，有：

$$\angle 1 + \angle 2 + 90^\circ = 180^\circ$$

当我们将等式两边减去 90° 时，有：

$$\angle 1 + \angle 2 = 90^\circ$$

因此，这些三角形可以如图所示一般无缝且没有重叠地组合在一起形成一个正方形。

现在我们要计算正方形的面积。我们可以用两种方法计算：第一种是利用正方形的边长 c 来计算；第二种是将 4 个直角三角形（图中灰色部分）的面积之和再加上正中间向左倾斜的白色正方形的面积，白色正方形的边长为 b-a。一个直角三角形的面积为 ab/2。

$$A = c^2$$

$$A = (b - a)^2 + \frac{4ab}{2}$$

根据二项式公式，$(b-a)^2=a^2+b^2-2ab$，得出：

$$c^2 = a^2 + b^2 - 2ab + \frac{4ab}{2}$$

$$c^2 = a^2 + b^2$$

证明就完成啦！我们只需要把 4 个三角形巧妙组合起来，再算出面积就行了，其他什么也不用做。

规则的柏拉图立体

到目前为止，我们遇到的都是二维的问题。在下个问题中，我们将离开平面，进入三维空间。你以前肯定听说过柏拉图立体，正四面体（三角形组成的棱锥体）和正立方体这些规则的立体都属于柏拉图立体。

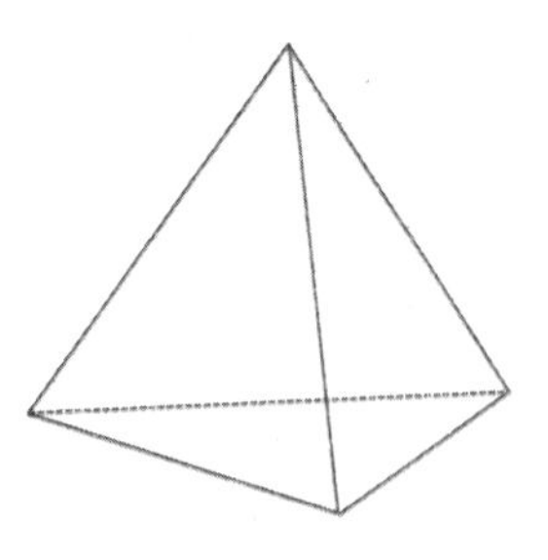
正四面体

柏拉图立体由规则的多边形组成。例如，正四面体中的等边三角形或者正立方体中的正方形。此外，每个顶点上的棱边数相同。世界上只有 5 种柏拉图立体，命名方式提示了它们各自有几个面：

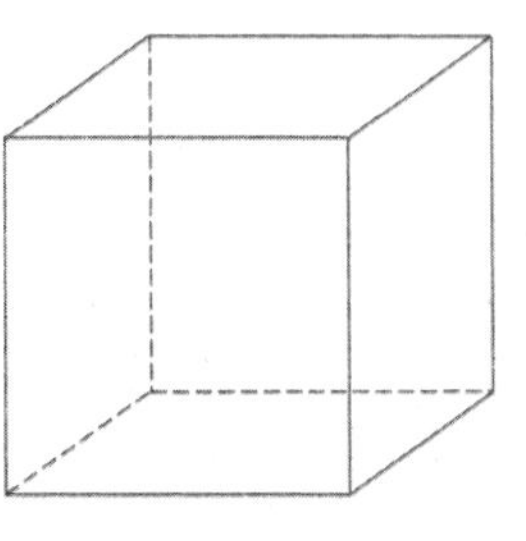
正六面体

正四面体（4 个正三角形组成 4 个面）

正六面体（6 个正方形组成 6 个面，即正立方体）

正八面体（8 个正三角

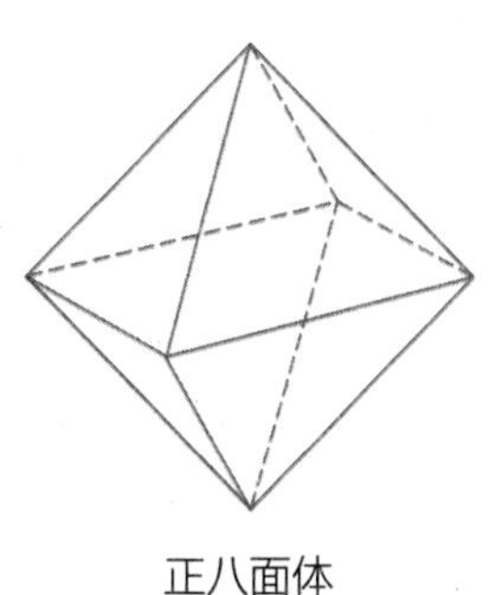
正八面体

形组成 8 个面）

正十二面体（12 个正五边形组成 12 个面）

正二十面体（20 个正三角形组成 20 个面）

问题来了：为什么只有这 5 种柏拉图立体？

这个问题乍看很复杂。为什么我用 60 个或 80 个正三角形不能构成一个封闭空间的立体？为什么正七边形也不行？

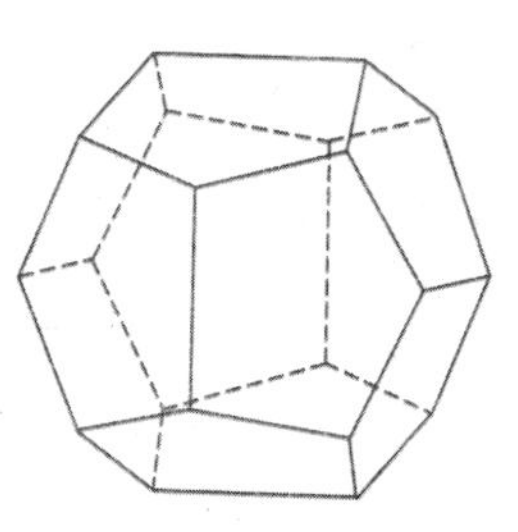
正十二面体

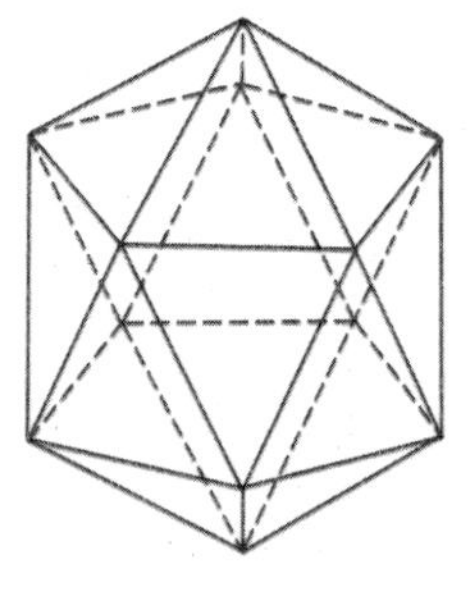
正二十面体

解答跟之前一样，非常简单。我们仔细观察一下柏拉图立体的顶点，一个顶点至少由 3 个侧面组成。正四面体、正立方体和正十二面体（五边形）正好是 3 个侧面组成一个顶点，正八面体是 4 个侧面，正二十面体则为 5 个侧面组成一个顶点。

我们可以把组成一个这样顶点的侧面，像折纸一样展开，展开后的形状如下页图形所示。

我们可以稍微折一下所有的棱边，在白色条状纸面上涂一些胶水，再把它粘在对面棱边的下面，这样，我们就构成了一个顶点。

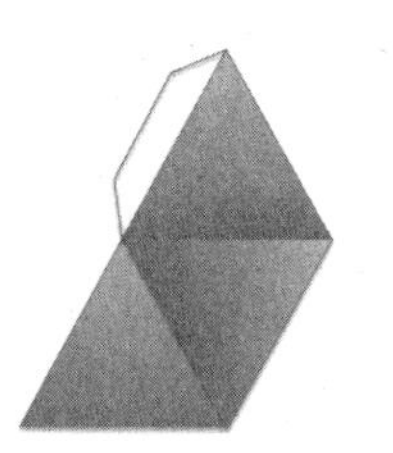
正四面体

如果你仔细观察这些以顶点为中心展开的图形，你就会发现这 5 个图形都有缺口。它们也必须有缺口，否则无法将这些多边形组成一个空间上的顶点。组成顶点的棱边，必须轻微折一下，这样才能封闭缺口。换句话说：各个 n 边形相交于一个顶点的内角和必须小于 360°。

也许你已经明白了：为什么等边三角形只能组成 3 个柏拉图立体。在正四面体中，3 个三角形组成一个顶点，内角和为 3×60°=180°；在正八面体中，有 4 个三角形，即 4×60°=240°；正二十面体有 5 个三角形，即 5×60°=300°。如果再加一个三角形，内角和则达到了 360°，这就太多了。

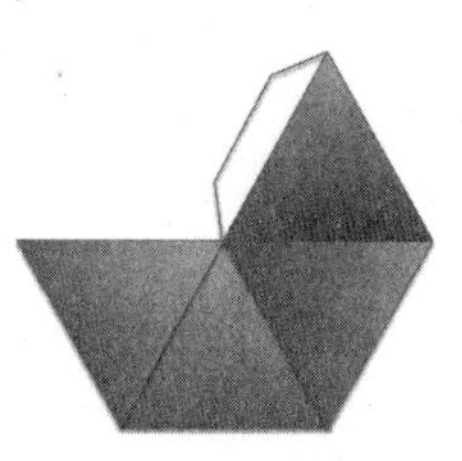
正八面体

正二十面体

我们用正方形只能构建一个正立方体，3个正方形组成一个顶点，其内角和为$3\times90^\circ=270^\circ$。4个正方形的内角和为360°，这对柏拉图立体来说也是太多了。正五边形的每个内角为108°。3个这样的五边形的内角和仍然小于360°，4个五边形则超过了限制，因此用正五边形就无法再构建其他的柏拉图立体。

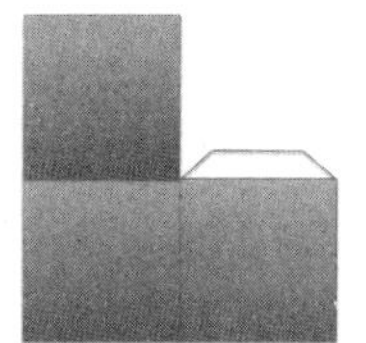
正六面体

正十二面体

但是，不仅有正三角形、正方形和正五边形，如果用正六边形会怎么样？正六边形的每个内角正好是120°，因此构成一个顶点的3个正六边形之间就没有空隙了，它们完全可以铺成一个平面，见下一页的图。所以，这样就不能构成柏拉图立体所必需的空间上的顶点了。

正七边形就更加不会产生空隙了。正七边形的内角大于

120°。如果我们将3个正七边形放在能构成顶点的一个平面上，就会产生重叠，这样就自然不会构成空间上的立体。$n \geq 7$ 的所有正 n 边形都是这样的。

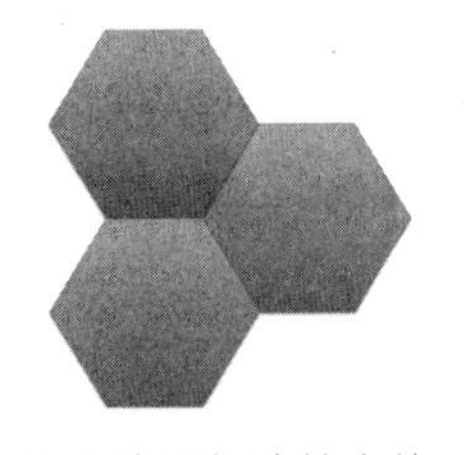

正六边形组成的立体

我们以上所用的折纸技巧就可以证明，除了这五个已知的柏拉图立体之外，没有其他的柏拉图立体。这个证明比毕达哥拉斯定理稍难理解一些，但是它让我们运用了空间思维，还让我们充分利用了小时候玩折纸模型的经验。这就是我爱它的原因。

不过，当我最近参观哥本哈根附近的方舟现代艺术博物馆时，我曾有过短暂的怀疑，有没有可能存在更多的柏拉图立体。你可以仔细观察一下下面的照片。

这个可以攀爬的支架看似由正六边形组成，它由来自冰岛的奥拉维尔·埃利亚松（Olafur Eliasson）设计，就在博物馆旁边。这些六边形构成了球体表面的一部分，另一大部分球体则位于地面以下——至少看起来是的。我甚至不用数这个架子是由几个六边形组

位于哥本哈根附近的方舟现代艺术博物馆的雕塑品，类似一种柏拉图立体

成的，就能很快清楚它不可能是柏拉图立体。

这些六边形不可能是正六边形，因为如果是正六边形，就不会形成弯曲的球体表面。正六边形的六条边长度相同，不过，这里的六边形与正六边形之间有极其细小的差别，使我们根本察觉不到。此外，这个架子还包含五边形，不过在这张照片上几乎无法辨认。

康托尔的天才妙招

在本章开头的质数证明中，我们巧妙绕过了无限多的数量。现在我们再来一个不会吓到你们的证明。来自德国哈勒的数学家格奥尔格·康托尔（Georg Cantor）在100多年前首先创立了集合论。你肯定知道自然数的集合、所有分数的集合，还有有理数的集合。康托尔感兴趣的是，一个集合的势是否比另一个集合的势大。

所谓“势”，并不是指数字的范围或大小，而是其他东西。如果两个集合“等势”（一样大），打个比方，这两个集合里的元素可以办一场舞会，在这场舞会里，没有人会因为找不到舞伴而失落地看着别人跳舞。第一个集合里的一个元素和第二个集合里的一个元素组成了一对舞伴。在等势的两个集合里，两个集合中的每个元素都能找到一个舞伴，没有人会被单独剩下。

> 会一点儿数学的好处之一是，你可以用它给你的朋友们留下深刻的印象。
>
> ——伊恩·斯图尔特

如果是50个女孩在舞会上遇到30个男孩，这就行不通了。因为女孩的集合的势比男孩的集合的势更大。

康托尔还将含有无穷多元素的集合进行过比较。例如，他曾思考过，当自然数和分数在一场舞会中相遇时，会发生什么呢？简单起见，我们这里只讨论正分数。每个分数都找到舞伴了吗？或者，有个别分数只能默默地旁观？

小幽默

一个数学家最振奋的时刻，就是他经过长期求证终于得出证明之后，并在他发现其中的错误之前。

我们想当然地认为：在两个自然数0和1之间存在无穷多个分数，如$\frac{1}{2}$、$\frac{1}{3}$、$\frac{1}{4}$……因此，分数明显应该更多，尽管两个集合都包含有无穷多的元素。但是康托尔可以证明，自然数集和分数集等势——每个数字都保证能找到一个舞伴。

自然数是可数的——这很明显。我从0开始数，每个任意大的数字在某一刻都能被我数到。由于有无穷多的自然数，我们可以说，自然数集是可数无穷的。这就是说：我们可以把这个集合的所有元素都逐一编号。我从集合中取出的每一个元素，都具有一个编号。在自然数集合里，这个编号与自然数本身完全一一对应。但对于其他可数无穷集合，这不是那么容易实现的。

那么我们如何将无穷集合进行比较呢？很简单：当一个集合同样是可数无穷时，这个集合就跟自然数集等势。它在分数集里表示就是：我随机选出一个元素，例如 $\frac{2}{3}$，然后就像在“他”的额头上贴上一个编号。康托尔的功劳就是编出了一份指南，让我们能够计算这些编号。

康托尔证明正分数集和自然数集等势，是基于两种天才般的想法。首先，他设计了一张表格（见下表），在这个表格里，所有正分数都有它们固定的位

$$
\begin{array}{cccccc}
\frac{1}{1} & \frac{1}{2} & \frac{1}{3} & \frac{1}{4} & \frac{1}{5} & \frac{1}{6} \\[4pt]
\frac{2}{1} & \frac{2}{2} & \frac{2}{3} & \frac{2}{4} & \frac{2}{5} & \frac{2}{6} \\[4pt]
\frac{3}{1} & \frac{3}{2} & \frac{3}{3} & \frac{3}{4} & \frac{3}{5} & \frac{3}{6} \\[4pt]
\frac{4}{1} & \frac{4}{2} & \frac{4}{3} & \frac{4}{4} & \frac{4}{5} & \frac{4}{6} \\[4pt]
\frac{5}{1} & \frac{5}{2} & \frac{5}{3} & \frac{5}{4} & \frac{5}{5} & \frac{5}{6} \\[4pt]
\frac{6}{1} & \frac{6}{2} & \frac{6}{3} & \frac{6}{4} & \frac{6}{5} & \frac{6}{6}
\end{array}
$$

置。你可以在这里看到这张表格的左上方部分——表格向右和向下无限延伸。

但是我们还不能够数完这张表里的所有数。例如，如果我们从第一行的左上角开始向右数，我们就将会无穷无尽地数下去，永远数不到第二行。

康托尔又准备好了第二招。他没有数一整行或一整列，而是从右上角到左下角斜着数，再从左下角向右上角数，以此类推。

用这种方式，从 $\frac{1}{1}$ 开始的每个分数都会得到一

$\frac{1}{1}$ 1. →	$\frac{1}{2}$ 2.	$\frac{1}{3}$ 6. →	$\frac{1}{4}$ 7.	$\frac{1}{5}$ 15. →	$\frac{1}{6}$
$\frac{2}{1}$ 3.	$\frac{2}{2}$ 5.	$\frac{2}{3}$ 8.	$\frac{2}{4}$ 14.	$\frac{2}{5}$	$\frac{2}{6}$
$\frac{3}{1}$ 4.	$\frac{3}{2}$ 9.	$\frac{3}{3}$ 13.	$\frac{3}{4}$	$\frac{3}{5}$	$\frac{3}{6}$
$\frac{4}{1}$ 10.	$\frac{4}{2}$ 12.	$\frac{4}{3}$	$\frac{4}{4}$	$\frac{4}{5}$	$\frac{4}{6}$
$\frac{5}{1}$ 11.	$\frac{5}{2}$	$\frac{5}{3}$	$\frac{5}{4}$	$\frac{5}{5}$	$\frac{5}{6}$
$\frac{6}{1}$	$\frac{6}{2}$	$\frac{6}{3}$	$\frac{6}{4}$	$\frac{6}{5}$	$\frac{6}{6}$

个编号。例如：$\frac{1}{2}$的编号为2，$\frac{1}{5}$的编号为15。如此，这位数学家就证明了正分数集与自然数集等势。

像康托尔这样通过对角线计数的技巧，来处理表格右侧和底部的无穷多的数字，我认为是十分漂亮的做法。康托尔就像一名园丁，要修剪一片无穷大的草坪，于是他站在草坪的左上角，推着割草机呈“之”字形曲折前进。

康托尔的对角线计数，肯定是本章的四个证明中最难的。不过，这些证明有某些共同点：用一种思路，或者像康托尔那样用两种思路，就能漂亮地解答一道难题。对我来说，正是这些天才的妙招创造了数学之美，希望你也有这种感觉。

习题

习题 26 **

在方程组 a+b+c=d+e+f=g+h+i 中，每个字母正好对应于 1—9 中的一个数字，每个数字恰好出现一次。请你找出所有可能的答案。注意，三组方程两两交换不算新的答案。

习题 27 ***

请你找出方程组

$$\begin{cases} x^2+y^2=2 \\ x^4+y^4=4 \end{cases}$$

的所有实数对（x、y）答案。

习题 28 ***

三个相同大小且半径为 R 的圆摆放在一起，每个圆都与另外两个圆相切。在这三个圆的中间有一个较小的圆，它同时也与所有三个大圆相切。小圆的半径是多少？

习题 29 ***

请找出满足等式 $a^2+b^2=8c-2$ 的所有自然数 a、b、c。

习题 30 ****

你看了一眼墙上的挂钟，发现此时此刻，时针和分针是完全重合的。请问：你要等多久才能再次发生这种情况？

七、横向思维：创新解题技巧

有些问题看似完全无法解答，但你不用担心；凭借一些经验、正确的技术和一些技巧，你也可以攻破难题。如果你坚持思考，再加上一点儿运气，你也可以体验到属于自己的“尤里卡”[1]。

[1] 尤里卡：古希腊语音译，意为“我找到（它）了”或“我发现（它）了”。——译注

每当我看到质数的证明或者高斯计算出 100 个数之和所采用的技巧时，我就会想："我本来也能想到的！"但是，我为什么没有想到？那我们又该如何找到这些聪明的解答方法？也许你也会跟我一样提出这些问题。

我不知道你是否具备小高斯或康托尔的才能，但当你刚碰到问题迷迷糊糊、不知用哪种方法解答时，我可以给你一些关于如何着手的小窍门。不过，请你不要指望这是为找到漂亮的解答而普遍适用的指南。不管什么样的创新技术，都不存在为解答问题普遍适用的模板。这也是件幸运的事情，否则数学就会像我们常被灌输的那样百般无聊了。

我们先从"什么是创新"这个问题开始。一般来说，如果一个想法是新的或者包含新颖的元素，并有助于解决现有的问题，那么这个想法就被认为是创新的。我们还可以扩展一下这个描述：你采用全新的方法来解答一道数学问题，这就是创新；巧妙地结合已知的各种方法来解答问题，这也是创新。

法国数学家雅克·阿达马（Jacques Hadamard）在60多年前就研究了数学发现是如何产生的。同时，他还充分利用了昂利·庞加莱（Henri Poincaré）和爱因斯坦的描述。阿达马在他的论文《数学领域中的发明心理学》（*The Psychology of Invention in the Mathematical Field*）中，区分了4个发现阶段：

1. 准备：我们有意识地积极思考问题，寻求解答。

2. 酝酿：当我们没有立刻找出答案时，即使我们正在做其他不相关的事情，我们的潜意识也会继续研究这个问题。

3. 顿悟：从潜意识里想出来的解答出现在我们的意识当中，我们产生"啊哈"（"尤里卡"）体验。

4. 验证：检验凭直觉找到的解答。当然同时也可以证明，起初看似很有说服力的想法，其实并不一定有效。

特别迷人的就是那些无论以何种方式从潜意识

里冒出来的想法。我自己也体验过这样的“啊哈”时刻。通常就在我根本没有思考这个问题时，突然灵光闪现，就想到了答案。虽然答案有时候是错误的，但通常都是正确的。

当然，灵光闪现的一个重要先决条件是，你需要深入地思考问题，不要斜瞟一眼可能在某处已存在的答案。因此，我也建议你，当你在做这本书的题一筹莫展之时，不要立马去翻答案。请你多一点儿耐心，可以先将问题暂时放在一旁。也许第二天早上当你刷牙时，你也会有灵光闪现。

我的经验是：“尤里卡”式的答案，只要它们是正确的，一般而言都非常漂亮。接下来我将给你们一些如何更好更快地解答问题的窍门，再加上一点点运气，你就能培养好的数学意识。

仔细审题

首先，你自己当然必须理解这道题。当你阅读文本，遇到一些不太理解的地方时，就该引起你的注意了。这些题目中的绊脚石通常会提供有价值的提示。

就拿下面这道我在网上发现的谜题来举例：

两个俄罗斯数学家同事在飞机上偶遇。

“你有三个儿子，是吗？”一个数学家问道，“他们现在到底多大了？”

“他们年纪的乘积是36。”另一个数学家答道，“而年纪总和正好是今天的日期。”

“呃，这还不够。”第一个数学家说。

“噢，对了，我忘提了，我最大的儿子有一只狗。”

这三个儿子的年纪是多大？

我不知道你是否也会这样想，有关于狗的提示就让我立马想到了“船长问题”。拥有一只狗与年龄有什么关系？儿童是否存在可以拥有自己宠物的最低年龄？如果存在的话，该是多大年纪？两岁？还是三岁？

另一个问题是，缺少了一个重要的数字。我们知道孩子们年纪的乘积，但是不知道其总和。文中只是说总和正好是今天的日期。这道题真的有解吗？

于是我再次通读题目文本。然后我开始怀疑，狗与答案可能实际上毫不相干。更重要的提示反而是，他有一个长子。那么他可能会有两个同龄的双胞胎。要想能够分别计算出所有三个孩子的年纪，长子有狗这个提示对于他的同僚来说必然是十分重要的。

但是，我们仍然不知道日期是多少。在这一点上，有一些经验可以有所帮助。很有可能只有少数几种可能的年纪组合——毕竟我们知道，他们年纪的乘积是36。我们可以写下有哪些组合可能，然后检验一下其中哪个是正确的。数学家们称这为情况区分法。我也正是这么处理问题的。

三个儿子都必须至少有一岁，如果不是的话，他们的年纪乘积就该为0。现在我们直接将所有可以想到的年纪组合写在一份列表中，在最后一列写上每个组合的年纪之和，也就是可能的日期：

1、1、36	38
1、2、18	21
1、3、12	16
1、4、9	14
1、6、6	13
2、2、9	13
2、3、6	11
3、3、4	10

如果我没有忘记其他的年纪组合的话，那么就正好有八种不同的可能性。第一个组合 1、1、36 被排除了，因为日期没有 38 号，所以就还剩七种可能性。由于数学家的同事尽管知道了日期，但还是不知道这些孩子的年纪有多大，那么对于这个日期就一定存在至少两种不同的年纪组合。因此，只有 13 才是年纪的总和，因为13有1 + 6 + 6和2 + 2 + 9两种年纪组合。但是只有在组合 2、2、9 中有一个大儿子，在组合 1、6、6 中年长的男孩有两个且他们的年纪相同。所以答案是 2、2、9。

系统化方法

数学家儿子的例子表明：写下所有可以想到的组合并单独观察每一个组合，这是十分聪明的方法。当然，这种系统的处理方法并不总是有效。特别是当组合的数量非常多时，另一种解答方法会让我们更轻松地达到目的。

不过，只要我们系统地分析问题，通常可以减少过多的组合的数量。例如下面这道题：

将自然数 1 到 15 写成一行，使这 15 个数字中的每一个数字都恰好出现一次，并且每两个相邻数字的总和是一个平方数。请你找出所有的可能性！

呼——这看着真难。这是我的第一个念头。连续的 15 个数字，有太多种可能性了。两个相邻的数字加在一起得到一个平方数，这自然就会产生一个问题：哪些数字适合相邻排列在一起？例如，1 适合和 3 在一起（$3+1=2^2$），也适合和 8 在一起（$8+1=3^2$），还适合和 15 在一起（$15+1=4^2$）。2 则与 7 和 14 相合。

我们最好再仔细观察下面我专门画的表格，也许能找到一些重要提示。

数字	1	2	3	4	5	6	7	8	9	10	11	12	13	14	15
可能的对子	3 8 15	7 14	1 6 13	5 12	4 11	3 10	2 9	1	7	6 15	5 14	4 13	3 12	2 11	1 10

有趣的是，几乎所有数字都有两个搭档，1 和 3 甚至有 3 个搭档。这一行数中只有 8 和 9 分别只有一个搭档，这就是有趣的地方。因为如果 8 和 9 只有一个可能的搭档，那么它们就不能排在这一行数的中

间，否则它们前面和后面都会有一个数，就有两个搭档了。这两个数都只有一个搭档，因此，8 和 9 只有两个位置可以考虑——这一行的头和尾。

接下来我们马上就会看到胜利的曙光。这行数字要么以 8 开头，要么以 9 开头。我们先看一下以 8 开头的情况，写下它后面的数。如果第一个数是 8，那么第二个数就必须是 1。再看一眼上面的表格，在 1 之后，3、8 和 15 都符合。因为这行的开头是 8，所以 8 被排除。这时，还剩下 3 和 15。

如果我们选 3，则第四个数字要么是 6，要么是 13（1 已经排除过了）。然后，我们再把这两个数按照上述方法继续排列，但是最后都无解：

8、1、3、6、10、15、1（1 重复了！）

8、1、3、13、12、4、5、11、14、2、7、9（这行数字太短了！）

如果我们第三个数写的不是 3，而是 15，那么我们就得到了一种正确答案：

8、1、15、10、6、3、13、12、4、5、11、14、2、7、9

当然，我们也可以将这行数反过来，也就是以 9 开头，8 结尾，这样就有了第二种答案，这道题就做完了。

你可能已经发现了，解答这道谜题需要细致缜密的思维。你必须考虑所有的可能性。我们可以在数学中学到像这样的系统防范，还可以将其应用在日常生活和工作中。

社会工程学法

有时候我在解一道题时，很怕这道题可能会有无数个答案。至少在某一瞬间，我会像小学生回答“船长问题”时那样想，这道题肯定存在一个答案，不然老师不会给我出这道题。我所说的意思，可以用下题表示：

请找出所有十位数的质数，且这些质数须含有数

字 0、1、2、3、4、5、6、7、8、9。

我们已知什么呢？首先，首位肯定不会是 0，否则就只有九位数了。最后一位数必须是一个奇数，这样这个数才能不被 2 整除——毕竟，我们要找的是质数。如果现在我们开始写下所有可能的数字组合，就有太多工作要做了。

我们很清楚，我们必须采用其他的方法来解答。问题是：究竟存在多少个答案？一个、十个还是一百个？在这一点上我马上意识到：肯定不会有几十个甚至几百个答案，否则这道题太难了。毕竟，这只是初中数学奥林匹克竞赛的典型题。

这种朝答案靠近的方法，完全可以称作一种“社会工程学”。当然，它仅适用于人们为特定目标而想出的问题，以及在特定的环境中设置的问题。

我们就干脆认为，只存在非常少的答案。如果出题人想让学生们觉得特别简单，那么甚至可能一个答案都没有！事实上这道题就是这样。

我们知道，质数不仅必须是奇数，还不能被 3 整除。只有当一个数的横加数不能被 3 整除时，这个数

> 自从人们开始去证明最简单的命题起，很多这些命题都被证明是错误的。
>
> ——伯特兰·罗素，英国数学家

才能不被3整除。事实上，我们可以很轻松地算出每一个能想到的包含数字0、1、……、9的十位数字的横加数。所有能想到的数字的横加数都相同：

横加数 = 0 + 1 + 2 + 3 + 4 + 5 + 6 + 7 + 8 + 9

= 9 + 0 + 8 + 1 + 7 + 2 + 6 + 3 + 5 + 4

（类似高斯的算法）

= 5 × 9

= 45

横加数即45，而且它可以被3整除。因此，可以肯定，由数字0—9组成的所有十位数字都可以被3整除，所以，这道题实际上没有答案。

但是，我建议谨慎采用“社会工程学法”。我本以为最简单、最接近的答案就一定是正确的答案，但最后却常常发现完全不对。

另辟蹊径法

不走寻常路——这是形成创造性思维最重要的途径。这点在数学中常常很难，因为我们老是想用已掌握的解答技巧来解题。就像我们坐火车去旅行，我们只能去那些铺设过铁轨的地方。

但是，有时最有趣的目的地，并不在铁路网络上，想要去那里，我们必须脱离轨道。当我们苦苦思考一道数学问题，且没有任何进展时，我们就要另辟蹊径了。举个简单的例子：

请把一块正方形的田地分成五块大小相同、一模一样的畦田。

我可以非常完美地将正方形进行对半分，或四等分，但是要怎样才能把它分成五个相等的部分呢？如果你能成功摆脱对半分、四等分的固有思维，你就离成功不远了。你只需要把正方形分成五块细长的、相互接壤的长方形就可以了。下面这道题会再难一些。

有个农民想把他的遗产分给四个儿子，他可以把土地划分成大小、形状相同的四等份吗？

我承认，我也没答出来。要是只分成三份的话就太好了，毕竟这块地是由三个正方形组成的，它们构成了一个凹六边形。我们应该怎样把它四等分呢？每当我尝试把它拆成矩形时，就会陷入困境。我也试过三角形，也是一筹莫展。这里有一个窍门就是，不要考虑三角形、正方形和矩形等简单形状。答案也有可能是五边形或六边形。为什么一定得是规则的形状呢？

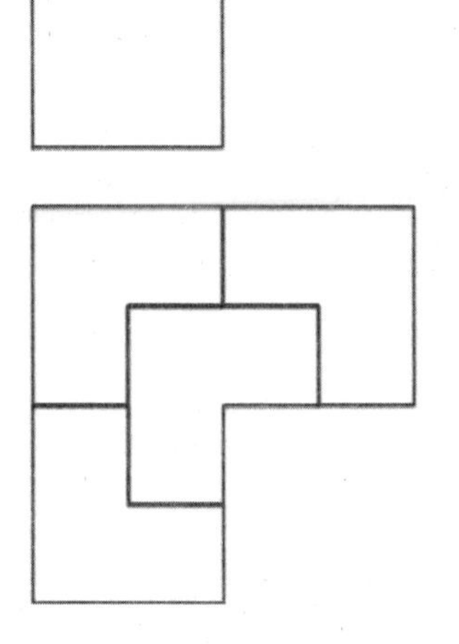

经常做几何题的人可能一眼就明白了，但我却不得不去翻谜题书的答案。我们必须把这个凹六边形分成相同形状和大小的四份。那么每份看起来就正好像农民原有土地的形状：由三个相同正方形组成的凹六边形。

另辟蹊径，不仅包括要去想象不规则的形状，还体现在下面这道火柴题中：

你有六根火柴。请你任意摆放火柴，使火柴的每端总是与另外两根火柴的一端相接。

刚开始时，我想摆放成类似“奔驰”车标的形状。如题目要求，将三根火柴放在一起，每两根之间的夹角是 120°。但是，剩下的三根就无法摆放了。如果我们能用四根火柴构成一个正方形，再把另外两根摆成对角线就能解答了，但是，只可惜火柴太短。正六边形也不行，因为每个角只有两个火柴头聚在一起。

你想到答案了吗？我们只需要不再从平面上思考。这对我们来说可不容易想到，因为我们习惯了在桌面上摆弄火柴。在三

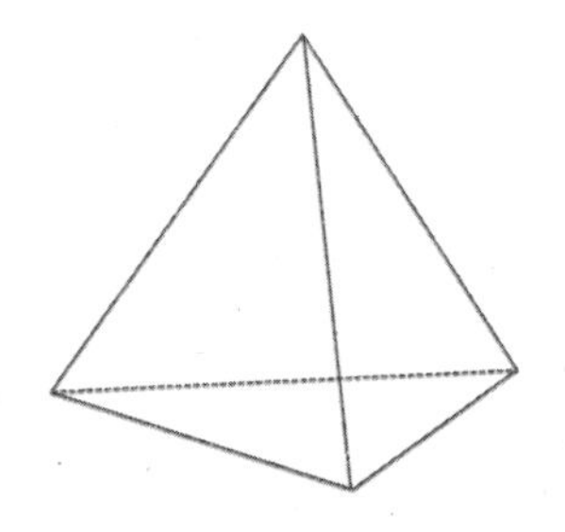

维空间中，这个问题很快就能迎刃而解。当这六根火柴构成一个正四面体（三角形组成的金字塔形状）的棱边时，就满足了本题的要求。

下面这道很漂亮的题来自美国的谜题制造者马丁·加德纳，它需要十分特殊的技巧。

一个男人有两块木质立方体，他可以用它们呈现一个月从 01 号到 31 号的日期。请问这两个立方体的面上都有哪些数字？

分析这个问题并不难：每个立方体上只能有 6 个数字，也就是说必须将 0—9 这些数字分布到两个立方体上。问题就在于，到底该如何分布？一个月的日期从 01 号开始，至 31 号结束，就是说无论如何都会有一个 11 号和一个 22 号——数字 1 和 2 必须在两个立方体上同时出现。

为了呈现出从 01、02 到 08、09 号的日期，还要求在两个立方体上各自有数字 0。原因很简单：从 1 到 9 有 9 个数字，在一个立方体上只能有 6 个不同的数字，所以这9个数字就必须分布在这两个立方体上，为了显示出01—09号的日期，我们则需要在两个立方体上都各有一个0。

> 数学是给予不同的东西相同名字的艺术。
>
> ——昂利·庞加莱，法国数学家

0、1、2——两个立方体上均有3个面被这3个数字占据。总共有12个面，还剩6个面，可气的是还剩下7个数字。例如，若是我们将第一个立方体写上0、1、2、3、4、5，第二个立方体写上0、1、2、6、7、8，那么9就没有地方放了。

现在你要怎么办？也许这道题根本没有答案？不，确实有一个答案，而且我们已经找到了。当我们需要数字9时，把6倒转过来不就行了！——这样，这个日历的谜题就解开了。

间接证明法

从前一章无穷多个质数的例子里，你已经了解到了间接证明的原理。我想在这里用一个完全不同的例子再演示间接证明。这是一道有理数和无理数的题。我们将所有可以表达成两个整数比的数称为“有理数”，即 $r=p/q$。而无理数则不能写作两个整数之比。最著名的无理数就是圆周率 π。$\sqrt{2}$ 也是无理数，现在，我们要间接证明这一点。

定理：$\sqrt{2}$ 是无理数。

我们假设，这则定理不正确，也就是说：$\sqrt{2}$ 是有理数。

$$\sqrt{2} = \frac{m}{n}$$

我们设等式里的 m 和 n 是整数，m/n 已经是最简分数。现在，我们将等式两边分别进行平方，再乘以 n^2：

$$2 = \left(\frac{m}{n}\right)^2$$
$$m^2 = 2n^2$$

最后一个等式表明，m^2 可以被 2 整除，但是这只有在 m 自身是偶数时才能成立，因为奇数的平方也是奇数。所以，我们可以把 m 写成 $m=2k$，其中 k 为整数。我们再将 $m=2k$ 代入最后一个等式：

$$4k^2 = 2n^2$$

$$2k^2 = n^2$$

要使此等式成立，则 n 也要能被 2 整除。这就代表 m 和 n 都可以被 2 整除。然而，这与我们的假设 m/n 为最简分数相矛盾！

> 定理：所有自然数都有趣。
>
> 证明：我们提出相反的假设来进行间接证明。那么，就一定存在一个最小的、无趣的自然数，这些特征就让这个自然数变得有趣了——这就与假设相矛盾了。

所以，我们的假设是错的，$\sqrt{2}$ 实际就是一个无理数。也许这一证明对你来说闻所未闻，但它确实是有效证明。我可以肯定地说：间接证明会让许多问题变得容易。

多米诺骨牌法

当一个陈述适用于所有自然数 n 时，我们就可以选择数学归纳法。但我更想称它为“多米诺骨牌法”，因为这样大家一下就能明白这种方法是如何运作的。

一张桌子上所有立着的多米诺骨牌都倒下的前提条件是什么？确切来说，有这两点：

1. 第一块骨牌必须倒下。

2. 每一块站立的骨牌，在倒下时能让它后面一块骨牌也一起倒下。

我们用奇数的求和公式来举例说明。请你观察以下这些等式：

$$1 = 1 = 1^2$$

$$1 + 3 = 4 = 2^2$$

$$1 + 3 + 5 = 9 = 3^2$$

$$1 + 3 + 5 + 7 = 16 = 4^2$$

$$1 + 3 + 5 + 7 + 9 = 25 = 5^2$$

很明显，从 1 开始把这些奇数相加，总是得到一个平方数。我们把奇数写作 2n+1 或者 2n-1，n 为自然数。如果将等式右边设为 n^2，那么等式左边最大的奇数则为 2n-1。把我们的推论写下来就是：

$$1+3+\cdots\cdots+2n-1=n^2$$

现在，开始用多米诺骨牌法：无论在什么条件下，以上公式对 n=1、2、3、4、5 时都适用。这就代表，不仅第一块多米诺骨牌会倒下，前五张多米诺骨牌都肯定会倒下。开头就这样完成了。

我们随机取出任意一块多米诺骨牌，将其编号为 i，i 是一个自然数。我们假设这块骨牌倒下了。这里的倒下，就代表求和公式 S（i）也适用于这块骨牌。

$$S(i)=i^2$$

那下一块编号为 i+1 的骨牌会怎么样呢？求和公式对它也适用吗？我们可以简单计算出来。为了让求和公式对 i+1 也适用，我必须把下一个缺失的奇数加到 i 的求和公式中去，这个奇数就是 2（i+1）-1。

$$
\begin{aligned}
S(i+1) &= S(i) + 2(i+1) - 1 \\
&= S(i) + 2i + 1 \\
&= i^2 + 2i + 1
\end{aligned}
$$

你可能会熟悉等式的右边部分，因为它就是二项式定理的展开式：

$$(a+b)^2 = a^2 + 2ab + b^2$$

这里的 a=i，b=1。所以我们就得到：

$$S(i+1) = (i+1)^2$$

这样，我们就证明了求和公式对 n=i+1 也适用，只要前提是这个公式对 n=i 适用。这就证明了，我们的求和公式对任意的自然数 n 都适用。

数学家们将多米诺骨牌法称为“数学归纳法”，我承认，归纳法十分复杂，但你可以把它与多米诺骨牌来比较，这样就能搞清楚它是怎么运作的了。

转换思路法

当人们想彼此交流信息时，会有不同的选择：说话、打手势、写字条、发电子邮件、使眼色。每种沟通形式都有各自的优缺点。当周围很吵闹时，我们打手势会更好；在黑暗中，选择大声呼喊会更有效。

数学也有相似的地方，当我们用适合的模式去解决问题时，对某些问题而言效率更高。比如，若想用一个公式来描述在三维空间中的直线，最好就别用球坐标系，因为在球坐标系中，是由两个角和一条半径来定义空间中的每个点的。

下面这道题十分具有挑战性，它能向我们展示如何巧妙地选择和使用适合的数学语言：

请找出这样一个公式，它能算出所有 2 的幂次方直到 n 次幂的总和，也就是算出 $2^0 + 2^1 + 2^2 + \cdots\cdots + 2^n$ 的和。

> 定理：一只猫有 9 条尾巴。
>
> 证明：没有猫有 8 条尾巴。一只猫比没有猫多一条尾巴。所以一只猫有 8 + 1 = 9 条尾巴。

我们可以尝试用多米诺骨牌法来解答这道题。这本是一个经典方法，但我在这里想向你展示另一种截然不同的方法。这个方法就是在二进制中进行整体计算。在二进制中，每个数表示为 2 的幂次方的总和，并且只存在数字 0 和 1。计算机就是只使用二进制数 0 和 1 来计算的。

你可以从下表看出我们是如何将自然数（左列）分解成 2 的幂次方的，并且如何写成二进制数（最右列）。

自然数	2 的幂次方	二进制数
0	0×2^0	0
1	1×2^0	1
2	$1 \times 2^1 + 0 \times 2^0$	10
3	$1 \times 2^1 + 1 \times 2^0$	11
4	$1 \times 2^2 + 0 \times 2^1 + 0 \times 2^0$	100
5	$1 \times 2^2 + 0 \times 2^1 + 1 \times 2^0$	101
6	$1 \times 2^2 + 1 \times 2^1 + 0 \times 2^0$	110
7	$1 \times 2^2 + 1 \times 2^1 + 1 \times 2^0$	111
8	$1 \times 2^3 + 0 \times 2^2 + 0 \times 2^1 + 0 \times 2^0$	1000
9	$1 \times 2^3 + 0 \times 2^2 + 0 \times 2^1 + 1 \times 2^0$	1001

我们需要为下面的等式找出一个公式。

$$\Sigma = 2^0 + 2^1 + 2^2 + \cdots\cdots + 2^n$$

我们直接将幂次方求和的加数项以相反顺序写下来：

$$\Sigma = 1 \times 2^n + 1 \times 2^{n-1} + \cdots\cdots + 1 \times 2^2 + 1 \times 2^1 + 1 \times 2^0$$

我们可以立刻把这个数写成二进制数：

$$\Sigma = 11111 \cdots\cdots 111\ (n + 1 \text{个} 1)$$

这个数只由很多个 1 组成，但可惜，我们现在还不知道它有多大，毕竟咱们当中没有谁懂二进制吧？

现在有一个技巧对进展有所帮助：我们进行二进制计算时，就存在规则：1+1=10。这是基于 2 的幂次方计算出来的：$1 \times 2^0 + 1 \times 2^0 = 2 \times 2^0 = 1 \times 2^1$。

如果我们把这个由 n+1 个 1 组成的庞大的二进制数加上 1，就会产生一些疯狂的结果。只有最左边的第 n+2 位得到一个 1，其他所有的 1 都变成了 0。计算如下：

```
   11111……111（n + 1 个 1）
+            1
-----------------
  100000……000（n + 1 个 0）
```

在竖式加法中，最右边的 1+1 处变成了一个 0，但我们必须记一个 1，并把它与左边前一位上的 1 相加。于是就又出现了 0，然后再记一个 1。这里的运算与我们在十进制中将数字 9999……9999 加上 1 时的运算很像，所有的 9 都变成了 0，而且在最前面加上了一个 1。

我们再回到 2 的幂次方的求和公式。当我们把数字 1 加入 11111……111（n+1 个 1）时，我们就会得到 100000……000（n+1 个 0）。这个由 1 个 1 和 n+1 个 0 组成的答案就没那么庞大了，因为它其实就等于 2^{n+1}。所以就有等式：

$$1+\Sigma = 2^{n+1}$$

如此，我们就找到了 2 的幂次方的求和公式 ：

$$\Sigma = 2^{n+1} - 1$$

不得不承认，在二进制中最后几步幂的计算还挺复杂的。但是，通过立方体日历或者火柴难题之类的例子，我们可以发现，解答不一定会很复杂或令人难以理解。利用一些不错的想法，就可以巧妙地解答出这些谜题。我想在这里鼓励你 ：请你不断地尝试。

习题

习题 31 **

在一次展会上，有一家公司邀请嘉宾参加一场派对。每个嘉宾都会跟所有其他嘉宾交换名片。所有嘉宾一共交换了 2 450 张名片。请问：有多少个嘉宾参加了派对？

习题 32 ***

请找出满足下列等式的所有自然数 x、y。

$$\frac{1}{x}+\frac{1}{y}+\frac{1}{xy}=1$$

习题 33 ***

已知三个半径相等的圆相交，每个圆的圆心正好位于另外两个圆的边上（见下页图）。请你算出三个圆同时覆盖的阴影面积。

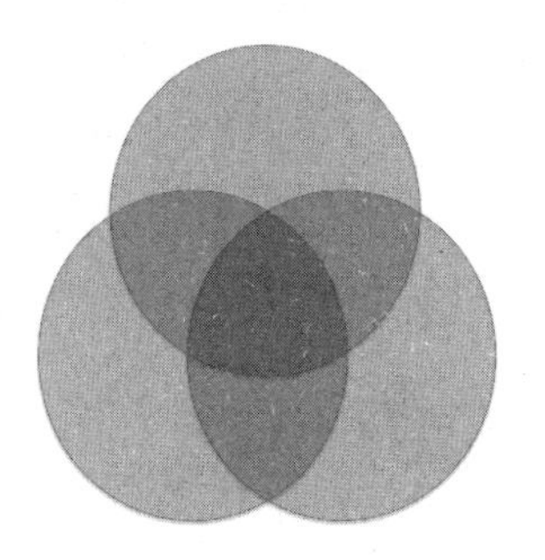

习题 34 ****

在桌上立着两个一样大的玻璃杯，一杯装了红酒，另一杯装了相同体积的水。你用一根移液管吸出少量红酒，并将其滴入水杯。接着，你再用移液管从装有酒水混合物的杯中吸取相同体积的液体，将其滴入酒杯。两个玻璃杯现在正好一样满。请问：这时是水杯里的酒多，还是酒杯里的水多？

习题 35 ****

整数 z 需满足：

（1）z>999，且 z<10 000。

（2）z 的横加数小于 6。

（3）z 的横加数是 z 的因数。

请问：有多少个数字满足这些条件？

八、经典数学：爱因斯坦的相对论

当阿尔伯特·爱因斯坦在 1905 年提出狭义相对论时，同行们都表示他疯了。这位物理学家完成了本该属于数学家的任务：提出了一个完整的、抽象的假设理论。他的理论，形象地阐释了著名的“双胞胎悖论”，至今令人着迷。

有时候建造一座十分伟大的建筑只需要少数几块砖。当爱因斯坦在1905年发表狭义相对论时，他就出色地证明了这一点。我第一次接触到这个可能是世界上最著名的理论是在20世纪80年代，那时我还是个中学生。

我曾买过一本薄薄的书，名为《什么是相对论？》（*Was ist die Relativitätstheorie?*），它由两位俄罗斯物理学家列夫·朗道（Lev Landau）和尤里·鲁默（Yuri Rumer）所写。在区区58页书里，这两个著名的理论家解释了什么是相对论，为什么光速非常特殊，以及为什么时间在一列快速运行的火车上会比在火车站里慢。

推导出时间和长度的缩短的公式十分简单，非常适合写进这本书里。我们不需要用复杂的数学来弄懂爱因斯坦的那些最重要的公式。我们只需要知道，毕达哥拉斯定理（$a^2+b^2=c^2$）和从物理课上所学到的公式——速度等于路程除以时间（v=s/t）——就已经足够了。如果你掌握了这两个公式，你基本就不会有什么困难去跟上爱因斯坦的天才思想。

100 多年前，物理学正处于其转折点。以牛顿运动定律为基础的经典力学已经不足以解释研究人员在实验中观察到的所有现象。

光被证实是一种特别神奇的存在。在实验中，光线有时像波，就如同我们所知道的海浪一样；有时又像是粒子。想要描述这种疯狂的现象，我们就需要一个新的理论。后来马克斯·普朗克（Max Planck）创立了一个新的理论：量子力学。根据量子力学，在微观世界中，也就是光量子和基本粒子的世界里存在其他的定律。一个苹果从树上掉下来，从而激发躺着的牛顿想出来的力学定律在这里并不适用。

在微观世界里发生的事，与在台球桌上不一样：微观粒子不像滚动的球那样可以被预测运动轨迹。根据量子理论，根本不可能同时预知到一个微观粒子的位置和速度。对未来的预测只能用概率来说明。如果你想，你甚至可以用量子力学来说明未来的不确定性。

不仅是微观粒子违背了牛顿力学，当物体非常快速地移动时也会违背牛顿力学。一个物体，无论多大，如果以光速一半的速度进行非常快的移动，那么就如我们现今所知的一样，在它身上会发生非常不可思议的事情。

直接把速度相加？

1905 年，当爱因斯坦引入狭义相对论时，甚至还没有任何我马上要告诉你的这些奇特的实验。这样看来，爱因斯坦的理论就显得更有远见和更绝妙了，因为几十年后，它才通过实验得到证明。

在 100 多年前，物理学最初的难题，是一些关于速度相加的简单思想实验。请设想，你坐在一辆以 10 千米 / 时速度行驶的敞篷马车上。另外还假设，你向前轻轻地投掷一个球，它的速度也是 10 千米 / 时。

你先是把球朝着马车前进的方向投掷。那么这个球在空中的速度是多少？从你自己的角度来看，球的速度是 10 千米 / 时；但从一个站在路边看见你扔球的路人的角度来看，就要把马车和球的速度相加，得出速度为 20 千米 / 时。

现在，你把球朝着与马车前进方向相反的方向投掷。从马车的角度看，被扔物体只是方向发生了改变，而速度没有变。这个球以 10 千米 / 时的速度向后运动。然而，路边的旁观者看到的却是一个在原地运动的球——准确来说，就是只向下运动。马车的速度 10 千米 / 时和球的速度 -10 千米 / 时相加为 0。目前为止，一切都如此合乎逻辑。

小幽默

你知道吗？在所有统计数据当中，有 87.166253% 的统计数据所采用的方法，无法保证结果的精确度。

现在，我们重复这个实验，但是利用的是声波和一架战斗机。声音在空气中的传播速度约为 1 235 千米 / 时，简便起见，我们在这里以 1 200 千米 / 时来计算。我们坐着的这架飞机以 800 千米 / 时的速度飞行。当我们用飞机制造出某些声响时，例如用飞机上的大炮发射一枚空包弹，那么这里的速度就跟马车实验里的速度完全不同了，也就是说，速度没有被相加。

声波是空气中的压力波动，像水里的波浪一样传播，但是朝向所有的三维空间。声音的传播需要介质，在真空中，声波无法传播。

当飞机在飞行过程中发出了声响，声音的传播原则上与在地面上没什么不同。声波从空包弹的发射位置开始，以声速朝所有方向传播——朝飞机飞行的方向，但同时也朝反方向传播。

当声源朝向我们或远离我们运动时，“多普勒效应”就会导致声源的频率发生变化，但我不是要说这个效应。多普勒效应确实会改变声调，但不会改变声音的速度。

声源快速移动，而声波不会变得更快。从飞行员的角度看，声音甚至会变慢：声波以 1 200 千米 / 时的速度在空中传播，飞机以 800 千米 / 时的速度紧跟在后面飞。以飞机做参照物，声波的速度只有 400 千米 / 时。

与此相反的是，当飞行员向后“看”时，声音的传播似乎会变得更快。声波以 1 200 千米 / 时的速度从空包弹发射处开始向后传播，飞机以 800 千米 / 时的速度远离——加在一起就是 2 000 千米 / 时！这很神奇对不对？

神秘的以太

现在，我们回到 19 世纪末的物理学界。那时几乎所有的物理学家都认为所有的波都有传播介质。例如，声音的传播介质可以是空气，可以是水。那时候，人们将光的传输介质称为“以太”。当时，人们对这个让人摸不着头脑的以太所知甚少，只知它一定充满了整个宇宙，也充斥着真空，否则恒星的光绝不会到达我们地球。

1881 年，物理学家阿尔伯特·迈克耳孙（Albert Michelson）在波茨坦进行了一项实验，他想以此证明以太的存在。他利用了地球以 30 千米 / 秒的速度围绕太阳公转的这一事实。在他的实验中，他让一束光线平行于地球运动方向传播，另一束光线则垂直于地球运动方向传播。迈克耳孙认为，如果以太真的存在，这两束光线就一定会以不同速度传播。然而，实验结果却是：两束光同时到达。甚至，在他 1887 年与爱德华·莫雷（Edward Morley）共同进行的更精确的实验中，也没有出现时间差。

因此，经典的以太论就不太靠得住了。于是，当时有的物理学家就提出了一种观点：虽然地球在充满了整个宇宙的以太中运动，但很可能，地球是带着地球周围的以太一起运动的。荷兰人亨德里克·洛伦兹（Hendrik Lorenz）则提出了另一种耸人听闻的解释：物质在地球运动方向上会发生微小的收缩，收缩的程度正好导致人们没有测量出光的到达时间差。

接下来轮到爱因斯坦了，他没有用神秘的说辞来挽救以太理论。爱因斯坦将问题大大简化了，他设想：无论我们在何处测量，光始终都以恒定的速度传播，没有什么能比光速更快。

相对论中光速恒定的假设，就类似数学中的公理。请你回想一下：最小的自然数是0，每个自然数都有唯一的后继数[1]。我们对自然数的了解都来自这些基本概念。极具数学特征的相对论也是这样。

你肯定听说过这种说法——当宇宙飞船以接近光速飞行时，船舱里的时间比地球上过得慢，这也被称为“双胞胎悖论”。有一对双胞胎兄弟，其中一个搭

---

[1] 后继数是指紧接某个自然数后面的一个数，如2的后继数是3，4的后继数是5。0不是任何自然数的后继数，每一个确定的自然数都有一个确定的后继数。——译注

乘这样一艘宇宙飞船去旅行，他的衰老速度就比在地球上的兄弟要慢。

我们将通过一个简单思想实验来解释这一奇特现象。假设双胞胎的其中一个名叫“保罗”，他在火车站台上；另一个叫“斯文”，坐在一列超快的火车里，这列火车快速驶过火车站，速度为 v。

在斯文的那节车厢里，放着一个由地板上的灯和天花板上的镜子组成的“灯钟”。当灯打开时，光束会射向镜子，再被镜子反射回来。

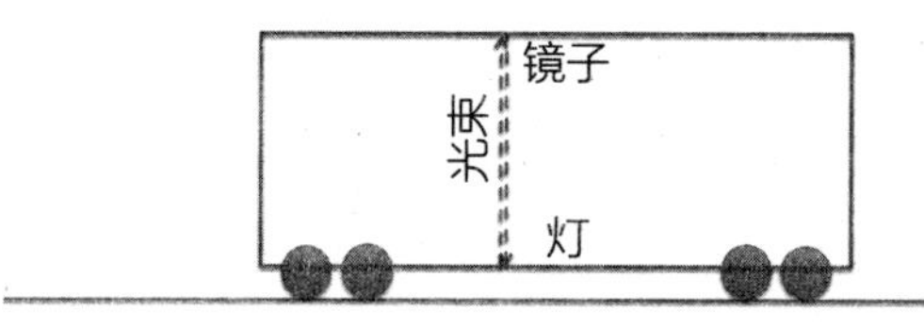

斯文测量这段光束走完路径所需要的时间。保罗在火车站观察实验，并同样记录下光束所需的时间。我们假设车厢的高度为 h。

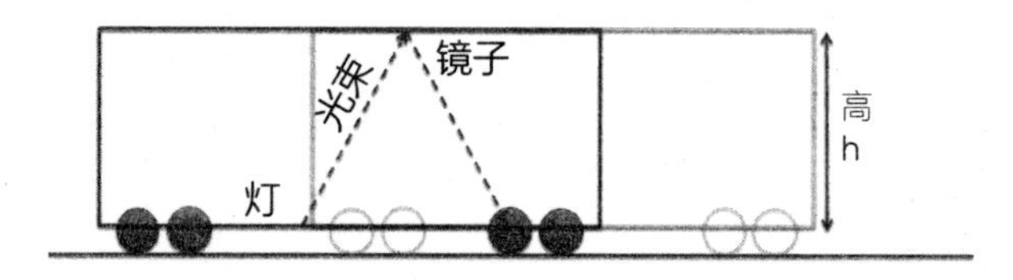

这事在斯文眼里看起来是这样的：光束以光速垂直向上照射，然后被反射回来。经过的路程是 2h。

但保罗看到的场景则有些不同：当灯打开时，光束向上照射，但同时火车也在继续前进。这样一来，结果就是，本来垂直向上照射的光束变成了向斜上方照射，请见上页图。这是由于火车高速运动，在光束到达镜子之前，车厢就已经向右移动了一段距离。光束被反射回地板时，发生了相同的情况。

从保罗的视角看，光束走过的路程比斯文看到的要长。同时，我们假设，在这两种情况下，光速都相同，这就说明：对这对双胞胎来说，时间肯定不相同。因为在同一事件中，对双胞胎而言，光走到天花板，再回到地板的路程并不等长。

一个灯钟，两个时间

现在，我们要准确计算出时间差。简便起见，我们只关注光从地板到天花板的这段路程。

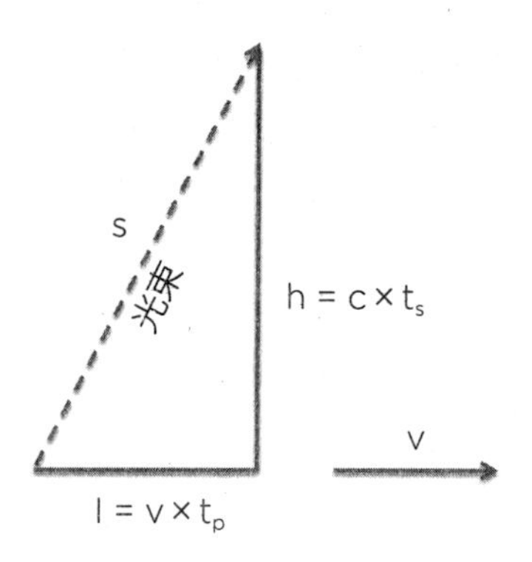

斯文的计时器上显示的时间为：

$$t_s = \frac{h}{c}$$

这个时间由公式 c（光速）$= \frac{h}{t_s}$ 得出，我们将 t_s 移向了等式左边，c 移向了等式右边。

但在站在火车站的保罗看来，光束所经过的路程是怎么样的？直角三角形的斜边即为我们要求的路程长度 s。那么根据毕达哥拉斯定理，有：

$$s^2 = h^2 + l^2$$

光束经过路程 s 所需要的时间为 t_p，因此就有

$s=c\times t_p$。从保罗的角度来看，光束到达天花板所需要的时间为 t_p，那么在这段时间里，火车经过的路程 l 为 $v\times t_p$，v 为火车的速度，通过公式 $l=v\times t_p$ 我们可以计算出直角边 l 的长度。

现在，我们将上面所有公式代入毕达哥拉斯方程，就有：

$$c^2\times t_p^2=c^2\times t_s^2+v^2\times t_p^2$$

我们将该等式的两边除以 c^2，然后求 t_s^2 的解，得到：

$$t_s^2=(1-\frac{v^2}{c^2})\times t_p^2$$

现在我们再进行开方，这样就得到了时间变慢的计算公式：

$$t_s=\sqrt{(1-\frac{v^2}{c^2})}\times t_p$$

这个公式告诉我们很多关于相对论的知识。火车以速度 v 驶过火车站，这时的速度 v 相对于光速 c 非常慢，那么，保罗和斯文所观察到的时间实际上就没什么差别。另外，以一列动车或一架飞机的速度举例，也是这种情况。

250 千米 / 时或 1 000 千米 / 时，对于我们来说已经很快了，但光速却是以接近 300 000 千米 / 秒的速度传播的，这要快得多了。飞机的速度为 1 000 千米 / 时，只能达到光速的 0.0001%。这时，v/c 的商就是 0.000001，v^2/c^2 就等于 0.000000000001，这个数值小到足以使 $t_S \approx t_P$ 成立。爱因斯坦相对论特殊的地方在于，我们在平常所知所处的世界能接触到的速度相对而言非常慢，所以还用不到相对论公式。

从假设到理论，再到实践

假如火车以光速的一半速度（v=c/2）行驶，那么当保罗在站台上测时为 10.0 秒时，斯文在火车上的测时就为 8.7 秒。如果火车以 90% 的光速行驶，那么斯文的测时就仅为 4.4 秒。火车的速度越接近光速，时间差就越大。

物理学家们将这种现象称为“时间膨胀”。在此基础之上，我们可以进一步推导出长度收缩公式和相对论速度叠加公式。最后，我们就会得到爱因斯坦最著名的质能转换方程式：$E=mc^2$。这和在物理学上准确描述双胞胎悖论一样，都不属于本章讨论的范围，在对双胞胎悖论进行描述时，我们还必须考虑到：在太空旅行中的那个双胞胎，会进行加速和减速运动。我在这里不想说得太多，这样本章才不会变得太复杂。毕竟，重要的是，我是要向你展示数学在理论物理中是如何运作的。

在理想情况下，单个的设想（也称为假设）就足以推导出解释许多现象的理论了。这也使得狭义相对论如此吸引我们。光速是恒定的，此外我们就不用再知道别的了，因为都可以由此推导出来。

不过在这儿，我还要指出数学和物理的一个重要区别：数学家的想法只要在理论构建上行得通，就不需要证明，但是物理学家必须在实践中证实理论。爱因斯坦的相对论也是这样，不过是在多年之后才得以证实。

习题

习题 36 **

两个自然数之和能被 3 整除，它们的差不能被 3 整除。请你证明：这两个数都不能被 3 整除。

习题 37 **

在一份密码文件里，每个字母代表从 0 到 9 之间的一个数字。不同的字母代表不同的数字。请你找出以下密码文的所有解：

$$
\begin{array}{r}
AB \\
+\ AC \\
\hline
DCB
\end{array}
$$

习题 38 *

4 只兔子挖 4 个洞需要 4 天，8 只兔子挖 8 个洞需要多长时间？

习题 39 ***

请找出满足以下条件的所有偶数 n：一个正方形可以被分为 n 个子正方形。

（提示：子正方形的大小不必相同。）

习题 40 ****

你想将一根树干正好放在一条虚线上。树干和虚线之间的距离大于树干长度的一倍，且小于树干长度的两倍。由于树干很重，你只能抬起它的一端，然后以在地上的另一头为轴心多次移动它。请算出你把树干移动到目的地的最少移动次数。

九、数学家眼中的数学专业

数学是认识世界的心灵之眼，数学是实际的工具，数学是宗教的替代物——数学家用不同的方式描述他们的专业。但他们一致认为，数学中最重要的就是观察模式。

我们人类的思维倾向于归类，当然在数学领域也是。奇怪的是，我们很难为数学找到合适的类别。这是一门真正的自然科学吗？倒不如说不是，因为我们不需要任何实验或者对自然现象的精确观察来验证数学论点的正确性，我们只需要一个好的证明思路、一支笔和一张纸。

数学不是必须通过实践得到证实的理论，它更像是一种理论的理论。

即便如此，我们也多将这门学科归类到自然科学，首先是因为它在各个学科当中都是重要的工具，甚至可能是最重要的工具。

一个多世纪以前，数学在许多大学里还是归属于哲学系。完全合适，因为数学家和哲学家所研究的东西有相同之处。首先，就是严密的逻辑学，它作为一种要求合乎逻辑地思考的科学，直到今天仍然是哲学的重要组成部分。

我们还可以说，哲学和数学以它们纯粹的形式首先在头脑中发生。这两者都与想法相关，它们组织想法，为其发展出外行人几乎不懂的专属的语言。尽管这种语言具有抽象性，但哲学和数学都可以非常实用，这一点在接下来会有更多的说明。

我们可以将数学与下棋进行很好的比较。有一张棋盘，有棋子，还有规则，我们根据规则移动棋子。这些规则并非源自任何自然进程，而是人类想出了这些规则。下棋可以是简单的过程，但是在高水平对弈时，下棋也会变得非常复杂。

> 科学家会从被庞加莱称之为理解的乐趣中得到回报，而不会从他的发现的应用可能性中。
>
> ——爱因斯坦

想想围棋吧。两个棋手轮流将棋子放置在纵横各 19 条线网格化的棋盘上。用自己的棋子将对手的棋子包围住，就可以将对手被包围住的棋子全部移除。最后，棋盘上谁的棋子剩得更多，谁就赢了。这听起来很简单，但围棋比国际象棋复杂得多。程序员想要开发出表现出色的围棋程序，会遇到巨大的困难，这恰好说明了围棋的复杂。计算机早已打败了世界上最好的国际象棋棋手，但在围棋领域，人类整体上仍处于领先水平[1]。许多对围棋充满热情的棋手，哪怕上了年纪仍在改良自己的战法，提高棋艺。

过了 400 年，猜想变定理

数学和围棋十分类似。例如，自然数的公理同样能构成棋盘和下棋规则。一些原始的假设——比如，0 是一个自然数，每个自然数都有唯一的后继数——限定了我们解决数学问题的范围。另外，还有一些规范和概念，比如“什么是乘积”“什么是因数”。

我们来研究一下这些被规定的自然数，就会有令人激动的发现。有些数可以被 2 整除——我们就称它们为偶数，而奇数则不能被 2 整除，还有一些数只能被它自身和 1 整除（质数）。如果我想知道一个数是否能被 3 整除，我只需要看它的横加数是否能被 3 整

[1] 本书写作时 AlphaGo 还未战胜柯洁等人类顶尖围棋手。——译注

除，这点是可以证明的。

每一项被证明的陈述，我们都可以将其用于进一步的研究。如此，从自然数的少数几条公理中最后就产生了“数论”——数学的一个专业领域，具体而言，它比下棋什么的复杂多了。

谈到自然数，有些最有挑战性的问题，一个例子就是费马猜想。费马猜想认为，等式

$$a^n + b^n = c^n$$

对于自然数 a、b、c、n（n>2，且 a、b、c>0）没有解。数学家皮埃尔 · 费马（Pierre de Fermat，1601—1665）在近 400 年前就提出了这个猜想，但是，直到 1995 年，安德鲁 · 怀尔斯（Andrew Wiles）和理查德 · 泰勒（Richard Taylor）才给出了详尽的证明。此后，这个猜想就被称为“费马大定理”。

不过，数学不只是存在于我们人类的大脑里。许多数学家都认为，数学是一种宇宙通用的语言：一个遥远星球上的居民，可能用的是跟我们完全不同的数字系统，但如果他们想运用这些自然数的公理，并着

手研究，就可能会得出相同的发现。他们大概也会有偶数和奇数，可能也会提出费马猜想，并最终证明为费马大定理。

总的来说，数学领域基本不涉及现实性或实用性，它是一种思维的游戏。在纯数学领域，人们关心的不是它的作用或目的，而是一个问题是否有趣，对整个数学理论架构是否有价值。

另外，我自己也认为数学与应用关系不大。当我们将这门学科首先理解成有创造性的工作时，那么实际运用就退居其次了，就像音乐和绘画一样。人们究竟为什么要演奏乐器呢？可以用它赚钱？是因为父母强迫才学的？是为了在表演时获得掌声？还是出于喜爱，出于内心的冲动和热情？

比较一下数学和音乐也能清楚地发现，数学与艺术一样没有自身的明确的目的。当然，雕刻家在雕刻石料时会获得艺术满足，但同时，他也要靠手艺换取面包。

虽然数学是完全抽象的，但它其实也很实用，它有助于我们掌握星球运动轨迹并预测自然界中的事件——数学帮助我们建立了宇宙的基本粒子模型。按照伽利略（Galileo Galilei，1564—1642）的观点，在我们周围，数学无处不在："大自然这本书是用数学符号写成的。确切地说，大自然讲的是数学语言，字母就是三角形、圆形和其他图形。"

伟大的模式论

20世纪最伟大的物理学家爱因斯坦进一步阐释说："我们以往的经验已经使我们有理由相信，自然界是我们能想象到的最简单的数学观念的实际体现。"

伽利略和爱因斯坦都将数学阐释为自然的语言，这当然与数学的本质密切相关。数学家所做的一切工作，都是关于识别、分析和理解模式。我们周围的世界充满了模式：彩虹、行星的轨迹、雪花、老虎的纹路、月相——到处都是以相同或类似方式重复的事物。

当然，这里说的"模式"不仅是指墙纸上图案的模式，这个术语的概念要宽泛得多。英国数学家沃尔特·沃里克·索耶（Walter Warwick Sawyer，1911—

2008）在 1955 年就已初步描述过模式。根据他的观点，智能生物能识别的一切规律性，都可以被视为数学模式。生命，尤其是智力活动，只有通过某些已有的规律才得以实现。索耶解释道："鸟能辨认出身上黄色与黑色条纹规律交替的马蜂。我们人类不知何时就早已知道，播种之后就会长出植物。"

我们周围的许多模式，启发推动人类发展出数论、几何学和概率论。伊恩·斯图尔特认为："为了可以识别、分类和利用模式，人类智力和人类文化发展出了一种思想体系，我们就称这一体系为数学。"

大自然里的每一种模式，起初对人类来说几乎都是谜。为什么北美洲的一种蝉每 13 年或 17 年就会大规模地出现？斑马的条纹是如何产生的？为什么我们只通过 7 个人就能认识地球上任何一个人？

数学有助于我们探究这些模式。它揭示了我们所观察到的模式和规律背后的规则与结构。

下面这个动物毛皮的例子，形象地展示了自然界的模式在其形成过程中是如何运作的。英国数学家詹姆斯·莫雷（James Murray）想用方程式来解释为何豹身上长着斑点，老虎身上却长着条纹。他已知道，皮毛图案形成的关键是黑色素，这种物质也决定了人体的皮肤、毛发和眼睛的颜色。在日晒下，皮肤会生成更多黑色素，我们的肤色就变深了。

在莫雷的数学模型中，皮肤细胞里正好有两种化合物起着相反作用：一种促进黑色素生成，另一种抑制黑色素生成。因为这两种物质以不同的速度在身体组织中进行分布（扩散），所以，会形成促进物占优势的区域（有斑点），或者抑制物占优势的区域（无斑点）。

莫雷在计算机模拟中发现，最终形成的图案的种类取决于皮肤表面的大小和形状。在狭长的表面上形成条纹，在更宽或者更像正方形的表面上则形成斑点。但是，豹子和老虎的身形非常接近，因此它们的皮毛图案也应该是接近的。

不过，这两种猫科动物还有一个决定性的区别：在胚胎阶段，会发生前面描述过的那种扩散，在此阶段的老虎胚胎更长一些，而豹子的胚胎则更像圆形。这样就导致了老虎长出条纹，豹子长出斑点！

莫雷的数学模型为生物学家提供了通缉令般的线索，这份通缉令告诉了生物学家应该寻找哪一种化学过程。首先，有了图案模式的数学解释，之后才更仔细地研究皮肤中的实际变化过程。

数学揭秘万物的框架

现代物理学也是像这样发展的，例如：基本粒子理论。在约 40 年前就有了如今形式的粒子物理标准模型，它用方程式描述了基本粒子彼此之间可能存在的力。标准模型还预测出了基本粒子“夸克”的存在，根据标准模型，1 个质子由 3 个夸克组成。后来物理学家们真的发现了夸克这种神奇的粒子。首先有了一种数学理论，其次才有了它的实验证明。

但是，为什么数学家们要使用如此稀奇古怪的语言呢？至少在他们写的书里是用了。有些人害怕看到求和符号、积分和根号，但这些无非是音乐家将他们的想法付诸笔端所用的音符。音乐家可以读懂音符，可以想象它们的声音，而数学家可以在抽象符号中识别出概念，也可以识别他想描述的模式。最后，公式本就是一种特殊的语言，通过它，数学家可以特别精简快速地表达出数学上的描述和想法，或者说，属于他们的旋律。

对于用抽象符号来描述的模式，英国数学家基思·德夫林（Keith Devlin）也想到了一个贴切的比喻：人们可以将抽象符号想象成“世界上所有事物和现象的一种共同的骨架”。

德夫林要表达什么呢？他是想说，当我们讨论一个三角形时，它的颜色不重要，大小也不重要。唯一重要的是纯粹抽象的基本框架，例如，这个三角形是等边的、直角的还是等腰的。对于数学家来说，一朵花的骨架，就是花朵形状的对称性。

“数学是一种模式的科学”，这一描述现在已被广泛认可。数学由许许多多不同的分支领域组成，神奇的是，我们从中很难识别出这些分支领域是否关联，如何关联。例如，请你想想数论和几何，或者概率论和拓扑学，它们有关联吗？

拓扑学，研究的是对象在改变形状后也不会发生变化的一般性结构。例如，根据拓扑学，一个带手柄的杯子与一个甜甜圈是一样的，因为都有一个洞。甜甜圈上的洞显而易见，杯子上的那个洞则是由柄构成的。从拓扑学的角度看，杯子的形状无关紧要，重要的是连接在杯身上，像是一部分被压扁的甜甜圈形状的柄。

外行人很难辨别数学的各个分支领域之间的各种联系，但它们确实是有联系的。有时，数学家还会发明“元理论”之类的东西，例如一种在更高、更抽象的层面上将算术和几何学结合起来的“群论”。

最初，群论是为了将数字运算概括化。这样看来，加法和乘法就有了许多相似之处。例如，这两种运算都是可以互换的，也就是说，在同一运算的两个元素，可以毫无问题地相互交换：$a+b=b+a$ 和 $a\times b=b\times a$。

在加法和乘法中，还存在所谓的单位元。这意味着，我可以取一个数字，并将单位元加上这个数字或者乘以这个数字，在这两种情况下，得出的答案都跟原始数字相同。在加法中，0 是单位元（$8+0=8$）；在乘法中，1 是单位元（$8\times 1=8$）。

加法 × 旋转

在几何学问题上，我可以不用太擅长加法或乘法计算。举例来说，我旋转一个正六边形，使其恰好与原来的图形重合。那么旋转 60° 和 120° 就可以做到。所有旋转的集合组成了一个群。交换律在这里也适用：如果我把一个正六边形连续旋转两次，那么在这两次旋转中，先开始哪一次都可以。加法与旋转的关系，抽象一下就是算术与几何的关系。

为了描述数学领域的多种分支，伊恩·斯图尔特教授曾做过一个美妙的比喻，按他的说法，数学是一幅美丽的风景，我们可以在风景之中漫步。作为外行，我们只知道少数景点，而数学家可以在整个画面里更自由地走动，他们可以攀登高峰，享受美妙景色，从山峰上眺望，风景的各个区域组成了一幅完整的画面。

外行常常经过的是数学世界中被多数人走过的、容易走的道路。他们只在此山中，甚至无法透过灌木看到路两旁的风景。而数学的创造者们，勇于进入未知和神秘的地区探险，绘出地图，并建造连通各个地区的路，让人人都能更容易地走进来。这样看来，数学家就像是虚拟世界中的开路先锋。

也许，你应该更能理解：为什么数学家把数学看成一场伟大的冒险，觉得自己是伟大的探索家。生于莱比锡的数学家埃伯哈德·齐德勒（Eberhard Zeidler）也遵循这种探险思想，他把数学称为“精神之眼”。数学就像人类额外的第六感，我们能凭它进入远离日常经验世界的认知领域。

精神之眼这一概念，最早可以追溯到德国数学家埃里希·凯勒（Erich Kähler），他早在 1941 年就已在论文中使用了“精神之眼”一词。显然，凯勒认为，只要人类使用数学工具来分析世界，那么一切皆有可能：“我们无法预知，这双精神之眼，还能让人类看得多远，看得多深。”

这听起来有点儿令人惶惶不安。说实话，我自己也有那么一点儿怕数学。我们会不会一步步被吸进一个抽象的世界里，彻底失去和现实世界的联系？出于这些顾虑，我高考后决定学习物理专业，而不是数学。

我完全能理解，对于一些数学家来说，数学扮演着神圣的角色。我们的存在充满了未知性和不确定性。但人类却勇于追求永恒，追寻超越我们日常的、生物的、物理的世界。例如，法国人大卫·吕埃勒（David Ruelle）曾表示，数学凭借它的逻辑严谨性和一致性，实现它的持久性和确定性。也许，这也解释了一些数学家对数学的痴迷，他们在工作时，总是看到数学的完美，看到天才般灵光闪现的东西——一种超越现实的体验。

也有许多数学家认为，他们所做的事其实很实用：这儿还有未被解答的谜题，那儿的物理学家、生物学家需要解释一种奇怪的模式，还有，要优化汉莎航空的航班时刻表，减少航班大规模晚点对乘客的影响。

我想说：当你仔细研究数学问题时，才能找到理解数学的最优解。我们不一定要研究最高水平的问题，但至少要研究有创造性思维的问题，而不是那些在课堂里反复被讨论的老掉牙的公式。

从这个意义上来讲，请你睁开眼睛，观察这个世界。如果你能观察得足够仔细，就会发现世界上到处充满了令人激动的数学。

词汇表*

算法：算法是用于解决问题的已定义计划。它也可以被应用于计算机程序中。

公理：公理是理论的原理，一个公理不能被其他公理推导出来。数学证明基于为真的公理。一个算术公理的例子：每个自然数 n 都只有一个后继数 n+1。这个公理在一定程度上定义了自然数的集合。

底数：对于幂运算 a^b，我们称 a 为底数，b 为指数。

证明：证明是指对一个陈述的正确性进行求证。其基础是为真的公理，以及之前已经被证实的其他陈述。

* 以下仅仅是作者本人对本书中名词的解释，不是严格的科学定义。——译注

二项式公式：$(a+b)^2=a^2+b^2+2ab$ 与 $(a-b)(a+b)=a^2-b^2$ 被称为二项式公式。

微分：一个函数的一阶导数或微分表明绘制在图表里的一条函数曲线上升或下降的趋势和程度。例如，我们可以用求导或求微分来找到一条曲线的最大值或最小值，此点的一阶导数恰好为 0。

距离效应：两个数字间的差越大，我们就能越容易、快速地判断出哪个数字更大。例如：我们对 3 和 8 进行判断比 4 和 5 更快速。

二进制：以 2 为基数的记数系统称为二进制。二进制只使用两个数字符号（0 和 1）。每个数都以 2 的幂次方的总和来表示。示例：$9=1\,001=1\times2^3+0\times2^2+0\times2^1+1\times2^0$。

指数：对于幂运算 a^b，我们称 a 为底数，b 为指数。

指数函数：我们将函数 $f(x)=a^x$ 称为指数函数。

我们通常使用自然常数 e（e=2.71828……）来替代底数 a。

费马猜想：费马猜想源于 17 世纪，该猜想认为，当自然数 $n>2$ 时，等式 $a^n+b^n=c^n$ 对于自然数 a、b、c（a、b、c、$n\neq0$）是无解的。直到 1993 年，英国人安德鲁·怀尔斯（Andrew Wiles）才证明了这一猜想。

函数：函数是集合之间的一种对应关系。集合（x）里的每个元素在集合（y）里都有一个对应的元素，就写作 y=f（x）。

方程组，线性方程组：一个方程组由两个或多个方程构成，并且具有两个或多个未知数。如果未知数只以一次幂的形式出现，那么我们就将其称为线性方程组。

范畴大小效应：数目越小，我们比较它们时所需的反应时间就越短。例如：我们判断 2 和 4 的大小要比判断 7 和 9 更快速，尽管两种情况的差都是 2。

区间：一个区间包含一个下限为 a 且上限为 b 的集合里的所有元素 x（$a<x<b$）。极限值 a 和 b 可以属于这个区间，但不是必须。

船长问题：代指由于缺少重要信息而无法计算出答案的应用题。但是尽管如此，许多儿童仍然计算出了答案，因为他们认为他们必须从条件中算出一些东西来。

系数：系数是因数，例如会在函数中出现。示例：$f(x)=a^x+b$，此处 a 和 b 均为系数，我们也常将其称为参数。

全等：如果两个几何对象可以通过平移、旋转、翻折或这三个操作的组合彼此重合，则它们彼此全等。

π：π 是一个数学常数，是圆的周长与直径的比值。π 是一个无理数，其前几位数字是：3.14159……

对数 / 求对数：以 a 为底，数字 b 的对数是 x，也就是满足方程 $b=a^x$，我们也写作 $x=\log_a b$。求对数无非是计算一个数的对数。

集合：集合论是数学的一个分支。集合包含各个元素，例如数字。一个集合可以包含无限个元素，例如，自然数集合；或者一个元素都不包含，我们称之为空集。当比较两个或多个集合时，数学家通常感兴趣的是同时包含在所有集合中的元素，或者属于至少一个集合的元素。

数量守恒：一个集合中元素的数量与大小、颜色、形状或排列等属性无关。

分母：一个有理数 r 可以用分数或两个整数 a 和 b 的商来表示：$r=\frac{a}{b}$，我们将 a 称为分子，b 称为分母。

多项式：多项式是一个或多个变量的几次幂之和。指数只允许是自然数。多项式可以写成

$a_nx^n+a_{n-1}x^{n+1}+\cdots\cdots+a_1x+a_0$ 的形式。

幂：幂是一个数，表达式为 a^b。在这种情况下，a 称为底数，b 称为指数。

质数：质数是比 1 大的自然数，且只能被 1 和它自身整除。

平方根：x 的平方根是 y，则满足 $y^2=x$。

平方：一个数的平方是此数与它自身相乘所得的乘积。

横加数：一个数各个数位上的数字之和为横加数。例如，111：1+1+1=3。

商：商是分数，即形式为 $\frac{a}{b}$ 的数。

旋转对称：一个几何图形围绕某一定点旋转大于 0° 且小于 360° 的角度后与其自身重合，就是旋转对称图形。典型的例子是正五边形。

定理：数学中被证明为真的陈述。定理的基础是公理和其他已经被证明为真的定理。

博弈论：博弈论的研究领域是包含多名行动的个人的系统，个人的成功不仅仅取决于自己的行动，还取决于他人的行动。除此之外，研究的目标是推断出某种行为对个人和机构所产生的利弊。

随机指数：数学的一个分支领域，涉及概率论和统计学。

加数：相加的两个数称为加数。

因数：当一个自然数 a 能被 t 整除而没有余数时，我们就说 t 是 a 的因数。因数 t 本身也是一个自然数。

项：数学运算（如加减法运算）里以及括号里包括的数字、变量与符号。例如：a^x+5，a^x 是一个项，

5 是一个常数项。

拓扑学：拓扑学是数学的一个分支。它研究的是几何体即使形状发生变化也不会改变的性质。例如：从拓扑学角度来看，一个带手柄的杯子和一个甜甜圈是相同的。

不等式：不等式符号左右两边的两个表达式的大小不同。

变量：变量是一个大小未指定或尚未指定的数字。因此，变量由字母表示。

内角和：三角形内角的总和是 180°。正方形的内角和是 360°。n 边形的内角和通用公式为：(n-2) ×180°。

根：我们通常说的根，是指一个数 x 的平方根，x 的平方根是 y，则满足 $y^2=x$。我们也可以计算一个数的立方根或 n 次方根，也就是求满足 $x=q^3$ 或 $x=r^n$ 的数字 q 和 r。

无理数：无理数是无限不循环小数，不能写作两整数之比。例如，$\sqrt{2}$ 和 π 都是无理数。

自然数：包含所有自然数的集合满足以下条件：0 是最小的自然数。每个自然数 n 都有一个后继数 n+1。所有大于 0 的自然数都有一个前驱数。

有理数：一个有理数 r 可以表示为两个整数 a 和 b 之比，即 $r = \frac{a}{b}$，且 $b \neq 0$。

超越数：一个数 t，如果它不是任何一个有理系数的多项式方程的根，那么它就是一个超越数。例如，π 就是一个超越数。

分子：一个有理数 r 可以表示为分数或者两个整数 a 和 b 之比，即 $r = \frac{a}{b}$。我们称 a 为分子，b 为分母。

常用对数（十进对数）：常用对数是以 10 为底数的对数。

习题答案

习题 1

两个自然数之和为 119，它们的差为 21。请问：这两个数分别是多少？

我们设要求的数字为 a 和 b。就有：

$a + b = 119$

且

$a - b = 21$

我们把两个方程相加，就得到：

$a + b + a - b = 119 + 21$

$2a = 140$

$a = 70$

因为 a-b=21，所以 b=49。

习题 2

池塘里长了一片睡莲，它们覆盖的区域每天都会翻倍。60 天后，池塘里铺满了睡莲。请问：池塘被睡莲覆盖一半要多少天？

由于被覆盖的面积每天都会翻倍，因此，第 59 天时睡莲覆盖满了湖面的一半。

习题 3

桌子上有 9 个球，其中一个比其他球都重一点儿，其他的等重。你有一台带两个托盘的传统天平，但你只能使用它两次。请问：如何找出较重的那个球？

我们把这 9 个球分成 3 组，每组 3 个。第一次称重时，把球 1—3 放在左边的托盘，球 4—6 放在右边的托盘。如果天平平衡，则表示要找的球在 7—9 之中。如果在第一次称重时，有 3 个球较重，那么我们就继续使用这 3 个球。第二次称重时，我们将可能的 3 个球中的两个放在天平的左右两侧。如果有一个球比较重，那我们就找到了这个球。如果天平保持平衡，那剩下的第 3 个球就是最重的。

习题 4

如果你手上只有 10 分、5 分和 2 分的硬币，如何才能恰好支付 31 分？请你找出所有可能性！

31 是奇数。因为 2 和 10 是偶数，我们肯定需要一个奇数，只有 5 分的硬币才能使总数变为奇数。于是我们就可以考虑有 1 个、3 个或 5 个 5 分硬币的情况。由此，就产生了下面 6 种可能：

$1 \times 5 + 0 \times 10 + 13 \times 2$

$1 \times 5 + 1 \times 10 + 8 \times 2$

$1 \times 5 + 2 \times 10 + 3 \times 2$

$3 \times 5 + 0 \times 10 + 8 \times 2$

$3 \times 5 + 1 \times 10 + 3 \times 2$

$5 \times 5 + 0 \times 10 + 3 \times 2$

习题 5

有一个学者想进行 6 天的徒步旅行穿越沙漠。他和他的几个搬运工每人只能携带足够一个人用 4 天的水和食物。请问：这个学者必须带几个搬运工？

这位学者需要两个搬运工。这两个搬运工只陪他分别徒步一天和两天，然后返回。难点在于：搬运工回程的路上必须有足够的水和食物，以避免被渴死、饿死。一天后，第一个帮手返回，他已经消耗掉了一天份的口粮，回程途中只需要第二天的口粮。因此，他把剩下的 2 份口粮分别交给学者和另一个搬运工。两天之后，第二个搬运工也返回了。他在路上已经消耗掉了 2 份口粮，回程途中还需要 2 份。所以他可以转给学者一份，学者就从搬运工那儿得到了 2 份，加上他一开始的 4 份，他就能平安到达目的地了。

习题 6

你有两个容器，一个容器可以装 3 杯水，另一个可以装 5 杯。请问：如何用这两个容器量出 4 杯水？

容器 A 可以容纳 5 杯水，容器 B 可以容纳 3 杯水。我们将 A 装满水，然后将 A 里面的水倒入容器 B。那么容器 A 中就还剩有两杯水。现在我们清空容器 B，然后把 A 里面所剩的两杯水倒入 B。将 A 重新装满。接着，我们将 A 中的水倒入 B，直到容器 B 装满。因为 B 中已经有两杯水了，所以只能再倒进一杯水的量。最后 A 中正好还剩 4 杯水。

习题 7

已知下面三个孩子里有一个在说谎。到底是哪个在说谎？

马克斯说：本在说谎。

本说：汤姆在说谎。

汤姆说：我没有说谎。

我们看一下，如果（a）马克斯、（b）本或（c）汤姆说谎时会怎么样。如果（a）马克斯在说谎，那么本和汤姆说的都是真话。然而，本说汤姆在说谎，这就不可能了。如果（b）本在说谎，那么马克斯和汤姆说的都是真话，这时他们两位所说的内容没有矛盾。如果（c）汤姆在说谎，那么马克斯和本说的都是真话，而马克斯说本在说谎，这时就会存在本和汤姆两个说谎者。所以，只有情况（b）符合，也就是说本在说谎。

习题 8

在一个盒子里有 30 个红色、30 个蓝色和 30 个绿色的圆球，它们的重量相同、触感相同。你需要 12 个相同颜色的球。在取球时，你必须将你的眼睛保持闭合，只有在取完球后你才能再次睁开眼睛。你至少需要从盒子里取出多少个球，才能保证你有 12 个相同颜色的球？

我们来看最不利的情况：我最多取出多少个球，才能使同色的球达到 12 个？很简单：每种颜色 11 个，也就是 33 个。如果你还额外取出了第 34 个球，就肯定有一种颜色达到 12 个。所以，答案是 34。

习题 9

已知等式：$4^2-3^2=4+3=7$，此等式也适用于数字 11 和 10，即 $11^2-10^2=11+10$。还有其他更多这样的数字吗？

我们要找出方程 $a^2-b^2=a+b$ 的所有解，其中 a 和 b 是自然数。利用大家所熟知的二项式定理，我们巧妙地转变一下等式：

$$a^2 - b^2 = a+b$$

$$(a+b)(a-b) = a+b$$

$$(a+b)(a-b-1) = 0$$

当一个或两个因数为 0 时，则这两个数的乘积也为 0。如果 a 和 b 都为 0，则满足上面的等式。如果 a、b 这两个数中的一个大于 0，那么 a+b 也就大于 0。

那么只有当

$$a - b - 1 = 0$$

或

$a = b + 1$

时，等式才成立。

因此，只要 a 比 b 大 1，那么这两个数字就都满足等式。另外还有一个答案就是 a=0，b=0。

习题 10

妮娜和莉莉在玩一个骰子游戏：

每个玩家有两个普通骰子。两人轮流掷骰子，每个玩家在掷骰子时可以决定自己掷两个骰子还是一个。接着，把掷骰子得到的点数相加，谁首先达到总数 30，谁就获胜。谁要是超过 30，就必须从 0 开始。妮娜开始时总是扔两个骰子，此刻她获得了 25 点。在下次掷骰子时，她应该再次用两个骰子还是一个骰子来掷出 30 点？

如果使用一个骰子来达到刚好 30 点，那么妮娜就需要一个 5 点，概率为 1/6。如果使用两个骰子，那么就有 1+4、4+1、2+3 和 3+2 这 4 种可能的组合。（我们必须区分骰子 1 和骰子 2，因此 1+4 和 4+1 是两种不同的情况）。两个骰子共有 36 种组合，那么得到 5 点的概率为 4/36=1/9。所以使用一个骰子获胜的概率比使用两个骰子获胜的概率大。

乘以 11 的窍门：a 和 b 都是一位数，我们可以用这两个数组成一个两位数的数。a 代表十位数字，b 代表个位数字，那么我们就可以将这个组合而成的数写作 10a+b 这样的形式。我们将这个数乘以 11，同时我们也将 11 分解为 10+1：

$$
\begin{aligned}
ab \times 11 &= (10a+b)\times(10+1) \\
&= 100a+10a+10b+b \\
&= 100a+10\times(a+b)+b
\end{aligned}
$$

如果 a+b 小于 10，我们就可以将求得的解写成 a (a+b) b 的形式，如此就证明了这个计算窍门。如果 a+b 大于 9，我们就必须将和的十位数字添加到解的百位数字上，如计算例题中的 85×11=8(8+5)5=8(13)

5=（8+1）35=935。

习题 11

国王独占国际象棋棋盘的一个角落。“他”每次只能移动一格。每当“他”感到孤独时，就会滑到邻近一格。这样总共发生了 62 次。请你证明棋盘上有一个国王从没有踏进的格子。

棋盘有 8×8=64 个棋格。如果国王移动了 62 次，那么他最多进入过 63 格——我们要记住他在开始时所在的那一格。因此，他至少有一个棋格从来没有进入过。

习题 12

请找出满足以下条件的所有两位数自然数：它们等于自己的横加数的 3 倍。

设 a 为十位数上的数字，且 b 为个位数上的数字，则满足等式：

$$10a + b = 3a + 3b$$

$$7a = 2b$$

因为 2 和 7 都是质数，且 a 和 b 都是一位数数字，所以 b 只能是 7，那么 a=2。即只有一个解：27。

习题 13

已知两个不同大小的正方形，请找到一个面积等于已知两个正方形面积之和的正方形。

如果两个正方形的边长分别为 a 和 b，则它们的面积分别为 a^2 和 b^2。那么我们就要找到一个边长为 c 的正方形，其面积 c^2 与 a^2+b^2 之和正好相同，即 $a^2+b^2=c^2$。这个等式可能会让你想起勾股定理。对于直角三角形，恰好有 $a^2+b^2=c^2$，其中 a 和 b 分别是两条直角边的长度，c 是斜边的长度。为了找到答案，我们构建出一个以 a 和 b 为直角边的直角三角形，其斜边 c 就是我们要求的正方形的边长。

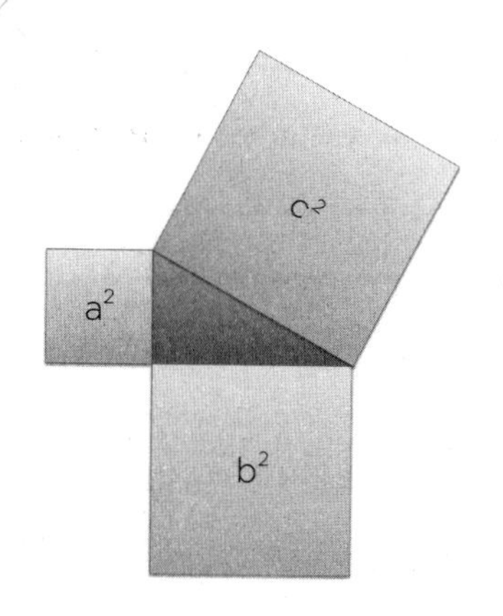

习题 14

已知三个相同大小的圆彼此相切。请问：它们所围住的面积有多大？

设三个圆的半径为 r。下页的图清楚展现了我们可以如何计算这片封闭区域的面积：

我们必须确定边长为 2r 的等边三角形的面积，并从中减去看起来像非常大的蛋糕一样的三个扇形的面积。因为等边三角形的角正好是 60°，所以，每个扇形的面积是总的圆形面积的 1/6，3 个扇形的面积就意味着半个圆的面积，即 $\pi r^2/2$。等边三角形的面积是 $2\times r\times h/2=r\times h$，h 为三角形的高。我们用勾股定理可以很容易地计算出：$h^2+r^2=(2r)^2$。由此得出，$h^2=4r^2-r^2$ 和 $h=\sqrt{3}\times r$。因此被围住的面积是 $r^2\times(\sqrt{3}-\frac{\pi}{2})$。

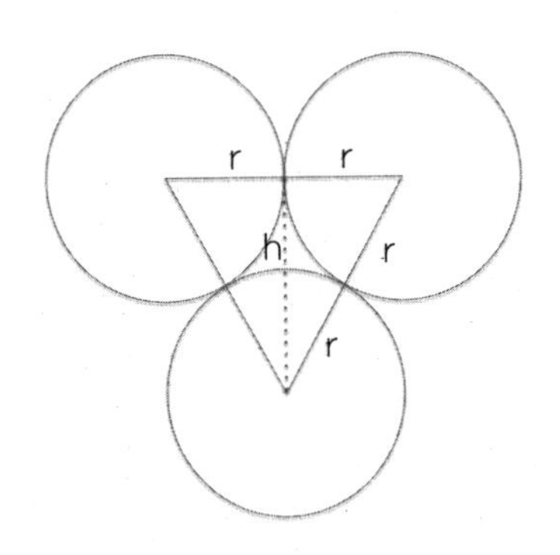

习题 15

请你证明，有无数个以下这样的例子：5 个连续的自然数里没有一个数是质数。

从 24 到 28 的这 5 个数字都不是质数。我们分别将这 5 个数加上 24×25×26×27×28 的任意倍数，就总是会得到 5 个连续的自然数，它们分别可以被 24、25、26、27、28 整除，因此都不是质数。

习题 16

已知欧元硬币的面值有 1 分、2 分、5 分、10 分、20 分和 50 分。如果想让你手头的硬币能搭配出从 1 分到 99 分的任何金额。请问：你至少需要多少枚硬币？

让我们先从 1 分到 4 分的金额开始。对此，我们无论如何都需要 3 枚硬币：1 分 +2 × 2 分，或 2 × 1 分 +2 分。用 4 枚 1 分硬币你同样可以表示这些金额，但是就比 3 枚硬币多出了一枚。与此相似的是，对于 10、20、30 和 40 分的金额，我们也需要 3 枚硬币：1 × 10 分 +2 × 20 分，或 2 × 10 分 +1 × 20 分。于是，我们就可以用 6 枚硬币来表示 1—4、10—14、20—24、30—34 和 40—44 不同分值的金额。我们在此基础之上再加上 5 分和 50 分的硬币，那么就可以得到从 1 分到 99 分的任何金额。因此，我们总共需要 8 枚硬币。

习题 17

桌子上有 9 个球，其中一个球比其他球都重一些。你有一台带电子显示屏的秤。如果你只可以使用4次秤，你将如何找出那个较重的球？

我们先称球1—3的重量，然后再称球4—6的重量。如果显示屏两次显示的是相同的重量，那我们要找的球就在编号7、8或9中。如果这两次中的某次显示屏显示出的重量更重，那么要找的球就在这次称量的3个球当中。我们从这3个球a、b、c中选出两个，并分别称重。如果两个球中的一个比较重，那这个球就是我们要找的球；如果两个同样重，则是没有被称重的第三个球是我们要找的球。

习题18

在数学考试时，孩子们要将三个自然数相加，这三个数都大于0。考试完后，两个学生交谈起来。“啊，我弄错了，我没有相加，而是相乘了！”一个孩子说道。“这没关系的，碰巧这两个答案相同。”另一个说。孩子们计算的是哪三个数？

必须满足：$a \times b \times c=a+b+c$。我们假设 a 是三个数中最大的一个，b 是第二大的数（$a \geq b \geq c$）。那么 $a \times b \times c=a+b+c \leq 3a$，所以 $b \times c \leq 3$。只有三对数字满足这个条件：$b=3$，$c=1$；$b=2$，$c=1$ 和 $b=1$，$c=1$。忽略掉这三个数字之间的交换，则唯一可能的答案就是：$a=3$，$b=2$，$c=1$。

习题 19

请你找出满足方程组

$$\begin{cases} x^2 + 4y = 21 \\ y^2 + 4x = 21 \end{cases}$$

的所有实数对（x、y）。

$$x^2 + 4y = 21$$
$$y^2 + 4x = 21$$

我们从第一个方程中减去第二个方程，就得到：

$$x^2-y^2-4(x-y)=0$$

$$(x-y)(x+y)-4(x-y)=0$$

$$(x-y)(x+y-4)=0$$

当两个数中的至少一个数为 0 时，则这两个数的乘积为 0。所以 $x=y$ 或 $x+y=4$。

如果 $x=y$，则有 $x^2+4x-21=0$，因此

$$(x+2)^2=25$$

$$x+2=\pm 5$$

$$x=-2\pm 5$$

所以（x、y）为（-7、-7）或（3、3）。如果 $y=4-x$，则有：

$$x^2+16-4x=21$$

$$x^2-4x-5=0$$

$$(x-2)^2=9$$

$x - 2 = \pm 3$

$x = 2 \pm 3$

由此得出（x、y）为（-1、5）或（5、-1）。因此，这个方程组有四个不同的答案。

习题 20

继承酒庄

一个父亲想要将 7 个满的、7 个半满的和 7 个空的酒桶留给三个孩子。每个孩子都要得到相同数量的酒桶和相同量的葡萄酒，并且，不允许他们互相灌注酒桶里的酒。请问：父亲应该如何分配酒桶？

需要分配的葡萄酒量相当于 10.5 桶，代表每个孩子必须获得 3.5 桶葡萄酒，因此，无论如何，每个人都会得到一个半满的酒桶。接着，我们就必须分配 7 个满的、4 个半满的和 7 个空的酒桶。4 个半满的酒桶对应的葡萄酒量和桶量，恰好是 2 个满的酒桶和 2 个空的酒桶之和。因此，我们可以这样表达剩下的任务：将 9 个满的酒桶和 9 个空的酒桶分配给 3 个人。这就不再有什么困难了。有两个孩子每人得到 3 个满的和 3 个空的酒桶，第三个孩子得到 1 个满的、1 个空的和 4 个半满的酒桶。如此，就可以平均分配葡萄酒的量和酒桶的量。或者，有一个孩子得到 3 个满的酒桶和 3 个空的酒桶，另外两个孩子分别得到 2 个满的、2 个半满的和 2 个空的酒桶。

习题 21

保罗发现了以下方法，用以计算两位数的平方数。

67^2

42

3 649

42

4 489

请你解释这个方法并以相同方式计算 59^2、82^2 和 19^2。为什么这个计算方法有效？

$$
\begin{array}{r}
67^2 \\
42 \\
3\,649 \\
42 \\
\hline
4\,489
\end{array}
$$

保罗将 $6\times7\times10$、$6^2\times100$、7^2 和 $6\times7\times10$ 进行相加而得到答案。该方法直接来源于二项式公式 $(a+b)^2=a^2+b^2+2ab$。我们设 $a=6\times10$ 且 $b=7$：

$$
\begin{aligned}
(6\times10+7)^2 &= (6\times10)^2+7^2+2\times6\times10\times7 \\
&= 6\times10\times7+6^2\times100+7^2+6\times7\times10
\end{aligned}
$$

$$
\begin{array}{r}
59^2 \\
45 \\
2\,581 \\
45 \\
\hline
3\,481
\end{array}
\qquad
\begin{array}{r}
82^2 \\
16 \\
6\,404 \\
16 \\
\hline
6\,724
\end{array}
\qquad
\begin{array}{r}
19^2 \\
09 \\
0181 \\
09 \\
\hline
361
\end{array}
$$

习题 22

一个男人想在一个圆形的湖中游泳。他从岸边跳入水中，向东正好游了 30 米到达另一岸边。然后他转向南方，继续游泳。40 米之后，他再次到达岸边。湖的直径是多少？

因为该男子先向东方游泳，再向南方游泳，所以游泳路径呈直角。于是，游过的这两条路径形成直角三角形的两条直角边。另一方面，也许你还记得在学校里学过，当三角形的斜边正好是圆的直径时（即泰勒斯定理），圆内接三角形（所有顶点位于同一个圆上）为直角三角形。因此，很清楚的是，所求湖的直径就是三角形的斜边。根据勾股定理，有 $d^2=30^2+40^2=900+1\,600=2\,500=50^2$，即 $d=50$ 米。

习题 23

请你找出所有三位数的质数，这些质数的第一个数字比中间数字大 1，最后一个数字比中间数字大 2。

设百位数上的数字为 n+1，则中间十位数上的数字为 n，最右边个位数上的数字为 n+2（$0 \leqslant n < 8$）。这个数的横加数的和为 3n+3，和可以被 3 整除。因此，这个数能被 3 整除，所以不存在满足条件的三位数的质数。

习题 24

巧克力工厂出了点儿问题。三个托盘当中，有一个托盘里的所有巧克力板的重量都不是 100 克，而是 102 克。但没有人知道是这三个托盘中的哪一个发生了事故。你有一台精密的电子秤，但你只能使用一次。你怎么找出那堆较重的巧克力板？

如果我从每个托盘中都取出一块巧克力板，然后将它们一起称重，就得到 302 克。但三块巧克力板中只有一块较重，采用这样的方法我就无从知晓哪块较重。诀窍在于，你不要从每个托盘中只取一块巧克力板，而是取不同数量的巧克力板——例如，从第一个托盘中取一块，第二个托盘中取两块和第三个托盘中取三块。称重时可能会得到以下结果：

602 克：答案是托盘 1。

604 克：答案是托盘 2。

606 克：答案是托盘 3。

另外，你也可以从第一个托盘中取一块巧克力板，从第二个托盘中取两块巧克力板，直接只将这三块巧克力板放在一起称重。

302 克：答案是托盘 1。

304 克：答案是托盘 2。

300 克：答案是托盘 3。

习题 25

卡萨诺瓦有两个朋友，他决定不了他更想去找谁，于是他就让命运来决定。

卡萨诺瓦始终只去同一个地铁站，此站不是终点站，并且只有一条地铁线。因为这两人分别住在地铁线上相反的两个终点站附近，他就直接乘坐先到的那辆地铁。两个方向的地铁都是每 10 分钟一趟。不过两个月之后他发现，有一个朋友那里他去了 24 次，而另一个朋友只有 6 次。怎么会这样呢?

两个方向的地铁每 10 分钟都有一趟。关键问题是，两个相反方向地铁的出发间隔是多长。当出发间隔是 5 分钟的时候，卡萨诺瓦到两个朋友那里的概率相同。在这种情况下，例如，有一个方向的地铁在 00、10、20、30、40、50 分时出发，那么另一个方向的地铁出发时间就是 05、15、25、35、45、55 分。

但是在我们的题目里，两辆车之间出发间隔较短，因此概率就不相同。地铁 A 首先驶出，然后两分钟之后地铁 B 开往相反的方向。A 的出发时间例如是 00、10、20、30、40、50 分，相应的 B 的出发时间就是 02、12、22、32、42、52 分。

当卡萨诺瓦到达站台的时候，他随机赶上地铁 A 的概率是 8/10，而赶上地铁 B 的概率是 2/10。因此平均下来，他去其中一个朋友家里的概率是另一个朋友的 4 倍。

习题 26

在方程组 a+b+c=d+e+f=g+h+i 中，每个字母正好对应于 1—9 中的一个数字，每个数字恰好出现一次。请你找出所有可能的答案。注意，三组方程两两交换不算新的答案。

所有 9 个数字 1 + 2 + 3 + …… + 9 的总和为 45，那么在这三组数字中，每组的和就一定是 15。这样，就只有两种可能的组合：159、267、348 和 168、249、357。找出这些组合很简单，如果我们以 1 开头，就要找所有加和为 14 的两个数，而只有 5 + 9 和 6 + 8 的和才是 14。

习题 27

请你找出以下方程组的所有实数对（x、y）答案：

$$\begin{cases} x^2 + y^2 = 2 \\ x^4 + y^4 = 4 \end{cases}$$

我们将第一个方程进行平方，再利用二项式定理

$(a+b)^2=a^2+b^2+2ab$。

$$(x^2 + y^2)^2 = 2^2$$
$$x^4 + y^4 + 2x^2y^2 = 4$$

从第二个方程

$$x^4 + y^4 = 4$$

就可以直接得出 $2x^2y^2=0$，这样只有当 $x=0$ 或 $y=0$ 时，才会出现这种情况。由此得到以下两个答案：

$$x = \pm\sqrt{2}\ ;\ y = 0$$
$$y = \pm\sqrt{2}\ ;\ x = 0$$

习题 28

三个相同大小且半径为 R 的圆摆放在一起，每个圆都与另外两个圆相切。在这三个圆的中间有一个较小的圆，它同时也与所有三个大圆相切。小圆的半径是多少？

我们设这三个大圆的半径为 R，被包围住的小圆的半径为 r。那么，大圆的三个圆心就构成了一个边长为 2×R 的等边三角形。小圆的圆心恰好位于角平分线的交点处。三角形的边与用虚线标出的角平分线之间的角度为 1/2×60°=30°。

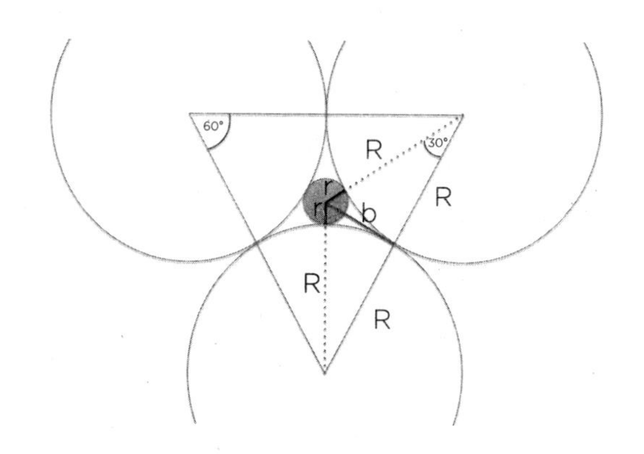

现在我们画出一条长为 b 的灰色线段，它垂直于并平分三角形长为 2×R 的边，这样我们就会清楚地知道接下来该如何计算了。由此形成的两个三角形的边长分别为 R、R+r 和 b，这两个三角形又各自是一个边长为 R+r 的等边三角形的一半，因此 2×b=R+r。

现在我们可以用毕达哥拉斯定理计算出：

$$(R+r)^2 = R^2 + \frac{1}{4}(R+r)^2$$

$$\frac{3}{4}(R+r)^2 = R^2$$

$$(R+r)^2 = \frac{4}{3} \times R^2$$

$$R+r = \frac{2}{\sqrt{3}} \times R$$

$$r = \frac{2-\sqrt{3}}{\sqrt{3}} \times R$$

习题 29

请你找出满足等式 $a^2+b^2=8c-2$ 的所有自然数 a、b、c。

原始方程式右边的 8c-2 除以 8 时余数为 6（-2 与 6 一样）。方程式左边是两个平方数。我们现在要找出两个平方数之和除以 8 的余数是多少。一个自然数 y 除以 8 可以得出余数 0、1、2、3、4、5、6 和 7。

而平方数 y^2 除以 8，则有以下余数：

y 的余数	y^2	y^2 的余数
1	1	1
2	4	4
3	9	1
4	16	0
5	25	1
6	36	4
7	49	1

当一个平方数除以 8 的余数只有 0、1 或 4 时，那么两个平方数之和除以 8 的余数就为 0、1、2、4 或 5。但是又因为方程式的右边除以 8 的余数为 6，所以没有解。

习题 30

你看了一下墙上的挂钟，发现在这一刻时针和分针完全重合。你需要等多久才能再次发生这种情况？

在 12 个小时内，分针会追上时针共重合 11 次。因为两个指针都始终匀速旋转，所以两个指针两次相遇的间隔时间总是相同的，那么就要等 12/11 小时，也就是 1 小时 5 分 27 秒。

习题 31

在一次展会上，有一家公司邀请大家参加一场展台派对。每位嘉宾都会跟其他所有嘉宾交换名片。所有人共交换了 2 450 张名片。请问：有多少位嘉宾参加了派对?

n 个人会给另外的 n-1 个人一张名片，所以就有 n×（n-1）张名片被交换了。又因为 2 450=50×49，所以派对上正好共有 50 位嘉宾。

习题 32

请你找出满足下列等式的所有自然数 x、y。

$$\frac{1}{x}+\frac{1}{y}+\frac{1}{xy}=1$$

我们将方程乘以 xy（x>0；y>0），就得到：

$$y+x+1=xy$$

$$y+1=x(y-1)$$

$$x=\frac{y+1}{y-1}$$

$$x=1+\frac{2}{y-1}$$

因为 x 和 y 都是自然数且都大于 0，那么 2/(y-1) 就一定是一个自然数。而这只有当 y=2 和 y=3 时才行。因此，我们就得到了答案（3、2）和（2、3）。

习题 33

已知三个半径相等的圆相交，每个圆的圆心正好位于另外两个圆的边上（见下页图）。请你算出三个圆同时覆盖的阴影面积。

三个圆的半径均为 R。要计算的面积由一个等边三角形（边长为 R）和三个相同的弓形组成。一个弓形的面积等于一个圆心角为 60° 的扇形的面积减去边长为 R 的等边三角形的面积。圆心角为 60° 的扇形相当于 1/6 个圆。

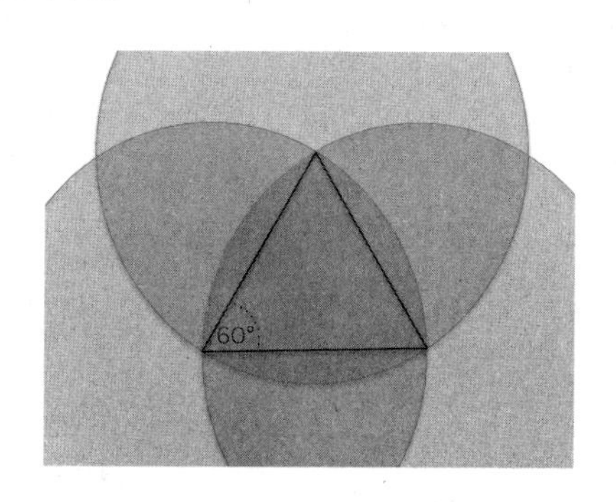

因此，就有：

$$\text{弓形面积} = \frac{1}{6} \times \pi \times R^2 - \sqrt{3} \times \frac{R^2}{4}$$

$$= R^2 \times \left(\frac{\pi}{6} - \frac{\sqrt{3}}{4}\right)$$

$$\text{所求面积} = 3 \times \text{弓形面积} + \text{三角形面积}$$

$$= \frac{1}{2} \times \pi \times R^2 - \sqrt{3} \times \frac{R^2}{2}$$

$$= \frac{R^2}{2} \times (\pi - \sqrt{3})$$

习题 34

在桌上立着两个一样大的玻璃杯，一杯装了红酒，另一杯装了相同体积的水。你用一根移液管吸出少量红酒，并将其滴入水杯。接着，你再用移液管从装有酒水混合物的杯中吸取相同体积的液体，将其滴入酒杯。两个玻璃杯现在正好一样满。请问：这时是水杯里的酒多，还是酒杯里的水多？

水杯里的酒与酒杯里的水正好一样多，不用复杂的计算我们就可以证明。酒杯里所缺少的酒被滴入了水杯中，那么酒杯里就一定有与所缺少的酒相同体积的水，因为只有这样最后两个玻璃杯才会装得同样满。

习题 35

整数 z 需满足：

（1）$z>999$，且 $z<10\ 000$。

（2）z 的横加数小于 6。

（3）z 的横加数是 z 的因数。

请问：有多少个数字满足这些条件？

这道题的答案有些宽泛，但它漂亮地展示了数学家如何系统地处理问题。我们用 QS（z）来表示 z 的横加数。为解答此题，我们要将所有可能的横加数进行情况区分和一一分析。

QS（z）= 1

只有当数字 z=1 000 时，它是四位数，并且横加数为 1。这个数也可以被 1 整除。所以在这种情况下，正好有一个答案。

QS（z）= 2

因为条件（3），所以 z 的最后一位数字必须是偶数。如果最后一位数是 2，又因为 QS（z）= 2，那么所有其他数必须为 0。这样 z 就不是四位数了。因此，最后一位数必须是 0。因为 z 是一个四位数，所以只有三个解：1 100、1 010 和 2 000。

QS（z）= 3

由于当一个数的横加数能被 3 整除时，它就能被 3 整除，所以它肯定满足条件（3）。只有含有数字 1、1、1、0 或 1、2、0、0 或 3、0、0、0 的数可以满足条件（1）、（2）和（3）。考虑到条件（1）允许的数字的排列（最左边不能是 0，否则这个数就不是四位数了），含有数字 1、1、1、0 的数恰好有 3 个；含有数字 1、2、0、0 的数正好有 6 个；含有数字 3、0、0、0 的数恰好只有一个。总之，我们在这里得出了 10 个不同的满足条件的数。

QS（z）= 4

为了满足条件（3），由最后两位数字形成的数必须能被 4 整除。因此只有……00、……12 和……20 才可以，否则横加数就大于 4 了。现在，我们必须找出另外两个数字：如果最后两位数字是 0，那么 z 只有可能是 4 000、3 100、2 200 或 1 300。如果最后两位数字是 1 和 2，则 z 就只能是 1 012。如果最后的两位数字是 2 和 0，那么 z 就只能是 2 020 或 1 120。因此，在这种情况下，有 7 个满足条件的数。

QS（z）= 5

这个数必须能被 5 整除，即以 0 或 5 结尾。但是，它的最后一位数不能是 5，因为这个数的横加数已经是 5 了，所以最后一位数字是 0。

由于条件（1），所以第一个数字只可能是 1、2、3、4 或 5。我们按从小到大的顺序列出所有可能的数字：

1 040、1 130、1 220、1 310、1 400、2 030、2 120、2 210、2 300、3 020、3 110、3 200、4 010、4 100、5 000。

因此，在这种情况下，正好有 15 个满足条件的数。

所以，总共有 1+3+10+7+15=36 个四位数字满足条件。

习题 36

两个自然数的和可以被 3 整除，它们的差不可以被 3 整除。请你证明这两个数都不能被 3 整除。

我们将这两个自然数写成 3m+x 和 3n+y 的形式，

其中 m、n、x、y 都是自然数，且 x 和 y 的值仅可以为 0、1、2。当这两个数的和可以被 3 整除时，那么就有 x=0，y=0；或 x=1，y=2；或 x=2，y=1。当 x=0，y=0 时，两个数字的差也可以被 3 整除，这与题目不符。那么 x=1，y=2 或 x=2，y=1 就符合题目，因为这意味着两个数的差除以 3 的余数为 1 或 2。由此可以证明，这两个数都不能被 3 整除。

习题 37

在一份密码文里，每个字母代表了 0—9 之间的一个数字。不同的字母代表不同的数字。请你找出以下密码文的所有解：

$$\begin{array}{r} AB \\ +\ AC \\ \hline DCB \end{array}$$

D=1。此外，因为 B+C=B，所以 C=0。当 C=0 时，A=5。那么 B 就是数字 2、3、4、6、7、8 和 9 中的

一个数字。

习题 38

4 只兔子挖 4 个洞需要 4 天，8 只兔子挖 8 个洞需要多长时间?

8 只兔子一样也需要 4 天。虽然兔子数量变为 2 倍，但它们也要挖 2 倍的洞。

习题 39

请找出满足以下条件的所有偶数 n ：一个正方形可以被分为 n 个子正方形。

(提示 ：子正方形的大小不必相同。)

当 n≥4 时，我们就可以按题目所需来分解一个正方形，方法如下。设 n=2k（k>1），然后我们将正方形的边长 l 除以 k。l/k 就是 2k-1 个小正方形的边长，这些小正方形在大正方形中形成了两个宽为 l/k 的矩形带，请见下图（当 n=12 时）。再加上还剩下的一个较大正方形，这样总共就有 2k=n 个正方形。

习题 40

你想将一根树干正好放在一条虚线上。树干和虚线之间的距离大于树干长度的一倍，且小于树干长度的两倍。由于树干很重，你只能抬起它的一端，然后以在地上的另一头为轴心多次移动它。请算出你把树干移动到目的地的最少移动次数。

这道题的解答窍门是：圆在移动树干中起到关键作用。如果我抬起树干的右端，然后以在地上的另一端为中心转动，那我所走的路径就形成了一个圆。这个圆决定了我在一次移动中可以到达的地点。

同样，我可以在虚线处画一个圆。因为树干和虚线之间的距离小于树干长度的两倍，所以这两个圆一定相交。由此很明显，三次移动就足够了。两次移动不够，因为那样的话我将不得不在第一次移动时就将树干的一端拖到虚线的一端上，但这是不可能的，因为两者之间的距离大于一根树干的长度。

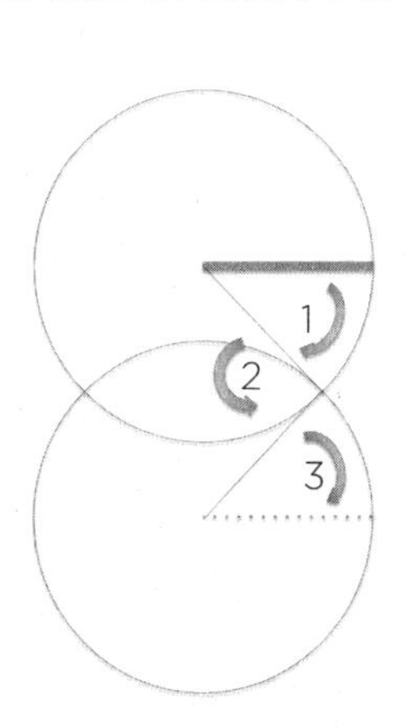

致 谢

凭我一人是完不成这本书的，许多朋友和同事都给予了我巨大帮助。特别感谢我的女友卡琳·安娜·杜尔，她第一个对全文进行了审校通读，感谢明镜出版社的安吉莉卡·密特跟我共同完成了提纲，还有我的编辑珊卓·海因里希一直非常专注。此外，我还要感谢数学教育界的朋友：英格·施万克、君特·齐格勒、托马斯·沃格特、克里斯托夫·赛尔特、哈特穆特·斯皮格尔、阿尔贝希特·波依特许巴赫、康纳德·博切尔，感谢他们在专业领域给我的启发。